U0672930

BECC

北咨咨询丛书　丛书主编　王革平
·规划研究·

老工业区"突围"

——首钢老工业区涅槃重生之路

主　编　袁钟楚
副主编　李晓波

中国建筑工业出版社

图书在版编目（CIP）数据

老工业区"突围"：首钢老工业区涅槃重生之路 /
袁钟楚主编；李晓波副主编. -- 北京：中国建筑工业
出版社，2025.5. --（北咨咨询丛书 / 王革平主编）.
ISBN 978-7-112-31215-3

Ⅰ. TU984.13

中国国家版本馆 CIP 数据核字第 20254ZB657 号

责任编辑：毕凤鸣
文字编辑：王艺彬
责任校对：张　颖

北咨咨询丛书

·规划研究·

丛书主编　王革平

老工业区"突围"
——首钢老工业区涅槃重生之路

主　编　袁钟楚
副主编　李晓波

*

中国建筑工业出版社出版、发行（北京海淀三里河路9号）
各地新华书店、建筑书店经销
华之逸品书装设计制版
北京富诚彩色印刷有限公司印刷

*

开本：787毫米×1092毫米　1/16　印张：14¾　字数：227千字
2025年6月第一版　　2025年6月第一次印刷
定价：**128.00**元
ISBN 978-7-112-31215-3
（45194）

版权所有　翻印必究
如有内容及印装质量问题，请与本社读者服务中心联系
电话：（010）58337283　QQ：2885381756
（地址：北京海淀三里河路9号中国建筑工业出版社604室　邮政编码：100037）

北咨咨询丛书编写委员会

主　编：王革平

副主编：王长江　张晓妍　葛　炜　张　龙　朱迎春　李　晟

委　员（按姓氏笔画排序）：

王铁钢　刘松桥　米　嘉　李　东　李纪宏　邹德欣

张　剑　陈永晖　陈育霞　郑　健　钟　良　袁钟楚

高振宇　黄文军　龚雪琴　康　勇　颜丽君

本书编委会

主　　编：袁钟楚

副 主 编：李晓波

编写人员（按姓氏笔画排序）：

李洪旭　李婉璐　张　勇　张　锐　张琛琛　薛博晗

丛书序言

改革开放以来，我国经济社会发展取得了举世瞩目的成就，工程咨询业亦随之不断发展壮大。作为生产性服务业的重要组成部分，工程咨询业涵盖规划咨询、项目咨询、评估咨询、全过程工程咨询等方面，服务领域涉及经济社会建设和发展的方方面面，工程咨询机构也成为各级政府部门及企事业单位倚重的决策参谋和技术智囊。

为顺应国家投资体制改革和首都发展需要，以提高投资决策的科学性、民主化为目标，经北京市人民政府批准，北京市工程咨询股份有限公司（原北京市工程咨询公司，以下简称"北咨公司"）于1986年正式成立。经过近40年的发展，公司立足于首都经济建设和城市发展的最前沿，面向政府和社会，不断拓展咨询服务领域和服务深度，形成了贯穿投资项目建设全过程的业务链条，一体化综合服务优势明显，在涉及民生及城市发展的许多重要领域构建了独具特色的咨询评估理论方法及服务体系，积累了一批经验丰富的专家团队，为政府和社会在规划政策研究、投资决策、投资控制、建设管理、政府基金管理等方面提供了强有力的智力支持和服务保障，已成为北京市乃至全国有影响力的综合性工程咨询单位。

近年来，按照北京市要求，北咨公司积极推进事业单位转企改制工作，并于2020年完成企业工商注册，这是公司发展史上的重要里程碑，由此公司发展进入新阶段。面对新的发展形势和要求，公司紧密围绕北京市委全面深化改革委员会提出的打造"政府智库"和"行业龙头企业"的发展定位，以"内优外拓转型"为发展主线，以改革创新为根本动力，进一步巩固提升"收放有度、管控有力、运营高效、充满活力"的北咨公司管理模式，进一步深化改革，建立健全现代企业制度，进一步强化干部队伍建设，塑造"以奋斗者为本"的企业文化，进一步推动新技术引领传统咨询业务升级，稳步实施"内部增长和外部扩张并重"的双线战略，打造高端智库，加快推动上市重组并购进程，做大做强工程咨询业务，形成北咨品牌彰显的工程咨询龙头企业。

我国已进入高质量发展阶段，伴随着改革深入推进，市场环境持续优化，工程咨询行业仍处于蓬勃发展时期，工程咨询理论方法创新正成为行业发展的动力和手段。北咨公司始终注重理论创新和方法领先，始终注重咨询成效和增值服务，多年来形成了较为完善的技术方法、服务手段和管理模式。为完整、准确、全面贯彻新发展理念，北咨公司全面启动"工程咨询理论方法创新工程"，对公司近40年来理论研究和实践经验进行总结、提炼，系统性梳理各业务领域咨询理论方法，充分发挥典型项目的示范引领作用，推出"北咨咨询理论方法研究与实践系列丛书"（简称"北咨咨询丛书"）。

本丛书是集体智慧的结晶，反映了北咨公司的研究水平和能力，是外界认识和了解北咨的一扇窗口，同时希望借此研究成果，与同行共同交流、研讨，助推行业高质量发展。

序

当前，我国城市建设已由传统的注重外延规模扩张进入到注重内涵更新和品质提升的新阶段，城市更新已成为新时代城市建设的重要战略举措。老工业区作为城市的潜力巨大的存量空间资源，具有重要的历史价值、社会价值、经济价值和文化价值，其更新改造已成为城市更新的重要内容，是推进我国城市建设战略性调整的关键举措。

2014年，国家启动了全国城区老工业区搬迁改造工作，旨在通过开展搬迁改造试点为全面推进全国城区老工业区搬迁改造提供示范。首钢老工业区始建于1919年，是世所罕见的以钢铁冶炼为主的老工业基地，也是全国21个城区老工业区搬迁改造试点之一。十多年来，首钢老工业区紧抓筹办举办2022年北京冬残奥会、中国国际服务贸易交易会的历史性机遇，采取整体有机更新的方式，将工业遗产保护利用与文化复兴、产业复兴、生态复兴、活力复兴相结合，赋予工业遗存新的功能和生命力，加速落地一批功能设施，吸引了一批高端国际要素入驻，促进了全生命周期的可持续发展和真正意义上的复兴，形成了城区老工业区更新改造的"首钢模式"，逐步成为北京市乃至全国老工业区探索转型发展的"排头兵"。

北咨公司坚持打造"高端智库"和"行业龙头企业"，多年来紧扣首都中心工作，持续跟踪首钢老工业区更新改造实践，聚焦重点工作和关键问题出谋划策，为首都老工业区转型发展贡献北咨智慧。

奉献给读者的这本《老工业区"突围"——首钢老工业区涅槃重生之路》，是"北咨丛书"的系列成果之一，是在系统总结10余年来首钢老工业区转型发展实践经验的基础上形成的研究成果。本书的出版，既是对首钢老工业区更新改造经验的梳理回顾，又是树立"北咨品牌"的具体实践。

希望此书能对推动国内外其他老工业区更新改造有所借鉴，对促进老工业区城市复兴有所启发。北咨公司将持续关注首钢等国内外老工业区更新改造，为北京建设国际一流的和谐宜居之都贡献北咨智慧，为推动全国老工业区建成经济繁荣、功能完善、生态宜居的现代化城区贡献北咨力量。

前　言

　　岁月不居，回望来路，翘首前路，我们又一次站在时代的转弯处。当前，我国正朝着动力转换、速度换挡、产业升级的高质量发展道路前进，国内诸多城市告别了大拆大建的增量时代，进入到城市更新时代，由此，城市更新成为推动城市发展方式深刻转型、提升城市面貌和生活品质的重大举措。

　　党的二十大提出要实施城市更新行动，党的二十届三中全会提出要建立可持续的城市更新模式和政策法规。但是，城市更新作为我国城镇化建设发展到一定时期而出现的必然产物，与现行的管理体系和大众熟知的工作推进方式大相径庭，亟需探索新的治理方式和政策体系。本书选取了城市更新中的一个类型，即老工业区更新为主题，系统梳理工业区的前世今生、来龙去脉，分析其在新的历史阶段面临的困局问题，以首钢老工业区为典型案例，总结了打造新时代首都城市复兴新地标的经验做法，为全国老工业区更新改造提供思路借鉴和方法指引。

　　全书共分总论和四个篇章。总论对老工业区进行了界定，对老工业区面临的形势、如何认识老工业区进行了阐述，介绍了首钢老工业区的基本情况。第1篇，以历史长周期的视角，梳理了我国老工业区的萌芽、发展、衰落、更新的历程，让读者了解老工业区的辉煌历史和兴衰过程，知史而明鉴、识古而知今，在历史变迁中有所感悟领悟。第2篇，坚持问题导向、改革创新导向，分析了老工业区更新改造中面临的堵点卡点问题，并梳理了国内外改革探索的实践。第3篇，以首钢老工业区更新改造为样本，从道路、规划、品牌、土地、工业遗存保护利用、行政审批、产业植入、体制机制等八方面，阐述了更新改造实施中面临的困境，如何突围解决，以案例的形式向读者展示具体做法。第4篇，启示与展望，阐述了如何认识首钢经验和首钢模式，阐述老工业区未来发展的趋势。

本书由公司组织内部专家级业务骨干人员编写，由袁钟楚总体构思设计，由袁钟楚、李晓波、张锐统稿，其中总论和第4篇由袁钟楚、张锐编写，第1篇由张琛琛编写，第2篇由李婉璐、薛博晗、李洪旭编写，第3篇由李晓波、张勇编写。本书编写过程中得到了公司各级领导和全体员工的大力支持，得到了原北京市新首钢高端产业综合服务区领导小组办公室（原北京市新首钢办）、北京首钢建设投资有限公司的大力支持，在此一并表示感谢。由于本书编写时间仓促，疏漏之处在所难免，请读者不吝指正。

袁钟楚

2025年3月于北京

目　录

0

城市更新时代
与首钢老工业区涅槃重生之路

《庄子·秋水》中说："物之生也，若骤若驰，无动而不变，无时而不移"。新老迭代是规律、是趋势，长江后浪推前浪推动了历史车轮滚滚向前、时代潮流浩浩荡荡。工业区的建设发展也是如此，曾经热火朝天、人潮拥挤、机器轰鸣的新工业区，在时代大潮的冲击下，出现了技术陈旧、资源枯竭、污染严重、设备老化、产品积压、人口流失、城市贫困等系列问题，"一朝春尽红颜老"，新工业区变成老工业区。

为了重振工业区的辉煌，解决区域经济悬崖式下滑、企业亏损、产业升级、职工就业、城市活力等问题，在企业往往难以自救的情况下，政府旋即开始了它的拯救行动，规划、土地、政策、资金、技术、人才等工具箱被综合使用，努力注入"维生素""强心针"。因此，一旦工业区变老，随即也就开启了它艰难漫长的涅槃重生之路。

▶ 0.1 老工业区的界定

▶▶ 0.1.1 概念内涵

老工业区也称老工业基地，本书所指老工业区主要是指城区老工业区。

国家对于老工业区和城区老工业区有明确的界定。2013年3月，国家发展改革委印发了《全国老工业基地调整改造规划（2013—2022年）》。该规划对老工业基地进行了界定："老工业基地是指'一五'、'二五'和'三线'建设时期国家布局建设、以重工业骨干企业为依托聚集形成的工业基地。老工业基地的基本单元是老工业城市。根据上述时期国家工业布局情况，以及1985年全国地级以上城市工业固定资产原值、工业总产值、重化工业比重、国有工业企业职工人数与就业比重、非农业人口规模等六项指标测算，全国共有老工业城市120个，分布在27个省（区、市），其中地级城市95个，直辖市、计划单列市、省会城市25个"（表0-1）。

全国共有老工业城市120个清单   表0-1

地级城市（共95个）：
河北省（6个）：张家口、唐山、保定、邢台、邯郸、承德；山西省（5个）：大同、阳泉、长治、晋中、临汾；内蒙古自治区（2个）：包头、赤峰；辽宁省（11个）：鞍山、抚顺、本溪、锦州、营口、阜新、辽阳、铁岭、朝阳、盘锦、葫芦岛；吉林省（6个）：吉林、四平、辽源、通化、白山、白城；黑龙江省（6个）：齐齐哈尔、牡丹江、佳木斯、大庆、鸡西、伊春；江苏省（3个）：徐州、常州、镇江；安徽省（6个）：淮北、蚌埠、淮南、芜湖、马鞍山、安庆；江西省（3个）：九江、景德镇、萍乡；山东省（2个）：淄博、枣庄；河南省（8个）：开封、洛阳、平顶山、安阳、鹤壁、新乡、焦作、南阳；湖北省（6个）：黄石、襄阳、荆州、宜昌、十堰、荆门；湖南省（6个）：株洲、湘潭、衡阳、岳阳、邵阳、娄底；广东省（2个）：韶关、茂名；广西壮族自治区（2个）：柳州、桂林；四川省（8个）：自贡、攀枝花、泸州、德阳、绵阳、内江、乐山、宜宾；贵州省（3个）：遵义、安顺、六盘水；陕西省（4个）：宝鸡、咸阳、铜川、汉中；甘肃省（4个）：天水、嘉峪关、金昌、白银；宁夏回族自治区（1个）：石嘴山；新疆维吾尔自治区（1个）：克拉玛依
直辖市、计划单列市、省会城市的市辖区（共25个）：
北京市石景山区、天津市原塘沽区、上海市闵行区、重庆市大渡口区、石家庄市长安区、太原市万柏林区、沈阳市大东区、大连市瓦房店市、长春市宽城区、哈尔滨市香坊区、南京市原大厂区、合肥市瑶海区、南昌市青云谱区、济南市历城区、郑州市中原区、武汉市硚口区、长沙市开福区、成都市青白江区、贵阳市小河区、昆明市五华区、西安市灞桥区、兰州市七里河区、西宁市城中区、银川市西夏区、乌鲁木齐市头屯河区

（来源于国家发展改革委网站）

2013年5月，国家发展改革委印发了《关于推进城区老工业区搬迁改造工作方案的通知》。该通知对城区老工业区进行了界定："城区老工业区是指依托'一五'、'二五'和'三线'建设时期形成、工业企业较为集中、目前处于城市中心位置的区域"。

2014年，国家发展改革委下发了《关于做好城区老工业区搬迁改造试点工作的通知》，在全国范围内选取了包括首钢老工业区、宣化老工业区等21个老工业区作为搬迁改造试点（表0-2）。

基于此，我们沿用国家发展改革委对城区老工业区的界定。它的主要特征有：一是从时间维度看，主要是在1953年至1980年建设的工业区，主要是"一五""二五"和"三线"建设时期国家布局建设的。二是从功能维度看，主要是以钢铁、煤炭、化工等为主功能的重工业，绝大部分的建设用地属于工业用地。三是从区位维度看，距离城市区较近，有些属于城市集中建设区，有些尽管属于远郊区，但毗邻中心城区。四是从面积维度看，工业区面积较大，一般在5平方公里以上。五是从发展水平维度看，工业区陈旧破败，企业效益差、包袱重、工艺落后，缺少生机活力。这些特征构成了老工业区的基本画像。

全国城区老工业区搬迁改造试点（部分）　　　　　　表0-2

序号	名称	所在地	边界	面积（平方公里）	发展定位
1	首钢老工业区	北京市石景山区、丰台区	首钢主厂区片区占地面积6.5平方公里，位于石景山区，东至北辛安路、体育场西路，西至永定河，南至莲石路，北至阜石路。另有首钢二通厂区、首钢特钢厂区、首钢第一耐火材料厂3个片区	9.0	形成以生产性服务业、高技术产业为主体，以文化创意产业为特色，以生活性服务业为引导的产业格局；首都功能拓展的重要承载区，带动北京西部地区转型发展、辐射西南地区跨越升级的重要引擎
2	宣化老工业区	河北省张家口市宣化区	东至宣钢东厂区东侧，西至柳川河，南至南外环路，北至京包铁路、府城南大街	9.8	综合商住、生态宜居新城区，以清洁生产为特色的工业基地
3	和平老工业区	山西省太原市万柏林区	东至和平路东侧，西至西环高速公路西侧，南至小井峪村、太原平板玻璃厂南界、大井峪街，北至太原重型机械集团有限公司渣场北侧	12.7	以先进装备制造业、科技创新产业、现代服务业为主的高端产业集聚区，宜居、宜业、宜商的新城区，带动太原市西部城区发展的新引擎

（来源于国家发展改革委网站）

▶▶ 0.1.2 如何看待老工业区

现代化工业深刻改变了人类社会面貌、形态和运行规则。工业由于其规模化集群化专业化的特点，大型和重型工业企业往往集中连片地占据大面积土地，吸附了上下游工业配套企业，从而形成工业区。

▶ 1. 老工业区是历史上的功臣

老工业区是历史的见证者，曾经对当地经济社会发展起到了重要作用。

从功能上看，诸多老工业区支撑了新中国重工业的发展，曾经是中国工业的脊梁。以辽宁沈阳铁西区为例，曾经创造了钢产量和机床产量全国第一的佳绩，20世纪50年代到60年代，沈阳市99家大中型国企中的90家在铁西区，在中国工业化进程中发挥了开创性、龙头性作用。

从经济上看，老工业区是所在地区经济的支柱，与地方经济深度捆绑，一荣俱荣、一损俱损。以首钢老工业区为例，首钢老工业区曾经是其所在区——北京市石景山区经济脊梁，一直到2007年，首钢老工业区的经济总量占石景山区地区生产总值的比重一直保持在50%以上（表0-3）。

石景山区地区生产总值及首钢工业增加值情况　　　　表0-3

年份	增加值（亿元）		扣除首钢后地区生产总值
	石景山区	其中：首钢	
2005年	197.3	99.2	98.1
2006年	203.5	105.1	98.4
2007年	226.4	117.5	108.9
2008年	256.9	100	156.9
2009年	248.7	56.1	192.6
2010年	295.5	40.5	255
2011年	320.7	0	320.7
2012年	337.7	0	337.7

▶ 2. 老工业区衰落是"长江后浪推前浪"的综合结果

老工业区衰落是我国由计划经济向市场经济迈进中的转型缩影。1992—2001年是我国由传统计划经济体制向市场经济转型加快推进时期，而这一时期也恰恰是老工业区老态显现、进入衰落的时期。1992年10月党的十四大作出了建立社会主义市场经济体制的决定，1993年11月，党的十四届三中全会通过了《中共中央关于建立社会主义市场经济体制若干问题的决定》，开启了我国市场经济培育发展的新征程。市场经济的大潮冲击了原本就相对封闭的老工业区，大部分老工业区陷入重重困境之中。2001年，我国加入世界贸易组织之后，这一冲击又再次加剧了。东北老工业区由于其受冲击范围之广、程度之深则最早引起中央层面的关注。

老工业区衰落是新能源新技术新材料应用更新换代和挤出效应的结果。从历史上看，几次成规模地出现老工业区，都伴随着能源形式转换、高新技术应用、新型材料出现。20世纪50年代到60年代，由于开采成本和难度相对较低、污染更少等原因，石油和天然气在世界范围内开始大规模开采和应用，打破了原来占绝对份额的煤炭"霸权"格局，煤炭的需求量和消费量逐年下降，煤炭在一次性能源消耗中的比重由1950年的88%减少到1972年的32.3%，世界能源结构由"煤炭时代"转向"石油时代"，由此引发了大量采煤业为主导产业的工业区的衰落。20世纪80年代，电子技术、新材料技术等迅猛发展，集成电路进入了超大规模集成阶段，进入"微电子"时代，广东出现了东莞电子城，北京出现了中关村电子一条街，使得一批以电子制造为主导产业的缺乏创新的工业区逐步走向衰落，比如北京华北无线电联合器材厂，此后更新改造为大名鼎鼎的798艺术区。

老工业区衰退是快速城市化发展的结果。20世纪90年代以来，我国城市化进程加速，特别是大城市中心区资源要素高度集中，导致中心区交通堵塞、人口密集、环境下降、房价高企等，城市中心区人口和企业开始外迁到郊区，城市范围不断扩大，致使城市中心区的人口增速低于郊区，形成相对中心区而言的离心化现象。由于郊区城市化的影响，郊区老工业区的发展受到制约。当人口、产业等资源要素涌入郊区，一方面，郊区地价开始上升，工业区发展的成本提高；同时，人们对郊区在生产、生活等方面的要求提高，老工业区对周边环境产生污染，不能满足人们对美好人居环境的需求；另一方面，与发展第三产业相比，老工业区经济效益低下，尤其是占地较大且区位优越的老工业区，成为被"退出"的对象。

老工业区衰退是体制机制改革优化的需要。国内外环境与形势变化对老工业区产生重大影响。一方面，经济全球化后将带来市场的全球化和企业竞争的全球化，此时，老工业区的竞争对手不仅仅是国内同行，必须直面全球的世界级行业巨头、跨国公司的激烈竞争。另一方面，改革开放以来，国内市场发生巨大变化。市场供需之间结构性矛盾日益突出，市场需求由数量转变为品种、质量和服务。在此大背景下，老工业区内企业的体制机制已不能适应新的发展环境，相对僵化的大型国有企业管理体制机制，企业办社会的沉重包袱，"大而全""中而全""小而全"的企业组织模式等，这些都需要深化改革，激发活力，跟上时代的潮流。

▶ **3. 老工业区只有老的技术、没有老的产业**

1925年，苏联经济学家及统计学家尼古拉·德米特里耶维奇·康德拉季耶夫，在《经济生活中的长期波动》提出，资本主义的产业、产品、劳务市场等存在着长度为48年到60年、平均为50年的长期波动。每一个长波都围绕着一种不同的技术开展。第一个长波从18世纪后期至19世纪初，主要围绕着纺织业。第二个长波从19世纪20年代至19世纪80年代，主要围绕着蒸汽机的应用。第三个长波从19世纪80年代至20世纪30年代，主要围绕着炼钢和汽车制造等代表的重工业。第四个长波从20世纪40年代至70年代，主要围绕石化和航空航天。第五个长波从20世纪80年代至21世纪20年代，主要围绕互联网、通信、机器人等。目前我们正处于第六个长波过程中，主要围绕大数据、云计算、新能源、新材料、生物技术等。

实际上，"康德拉季耶夫长波"描绘了工业技术不断更新迭代的历程，人们也将这一长波周期称为"科技投资周期"，正是因为新技术是长波形成的关键动力和主要因素。

每一个工业区都由"高精尖"产业开局的，随着新技术的出现，工业生产的重资产性和专用性，使得升级原有设备设施和工艺变得成本高昂、投资巨大，被采用新技术和工艺的企业迅速超越。只有不断地科技创新、提供符合市场需求的产品才是长久生存之道和发展规律，工业区的发展在繁荣、衰退、萧条、升级的不断螺旋式上升中不断前行。

0.2 站在新时代关口中的老工业区

新时代下，老工业区面临着完全不同于以往的外部环境，挑战大，机遇也大，变量更多了、选择也多了，抓住了的才是机遇，抓不住的就演变成了挑战，老工业区的转型发展和更新改造必须要靠自己去把握。

0.2.1 形势更加错综复杂，"突围"方向选择更艰难

逆全球化风云再起，工业发展断链脱钩风险加大。当前，世界进入动荡变革期，国际形势瞬息万变，掀起了一股逆全球化的风潮，全球产业链创新链供应链有断裂的风险，进入了高度不确定性的时期。美国将我国视为主要"战略竞争对手"，2018年3月以来美国单边对我国加征关税，开启了关税战、贸易战，其后又演变成技术战、人才战、金融战，大国博弈逐步升级。特别是拜登政府执政以来，推行"小院高墙"科技竞争战略，对其拥有优势的技术领域（诸如5G、人工智能、生物科技等）进行精准封堵我国，截至2024年分十次将中国114个实体纳入出口管制实体清单，涉及的产业包括航空航天、信息通信与精密制造、能源材料、药品医疗、机械制造等领域。特朗普二次执政后又开启了贸易战、关税战。美西方等主要经济体对我国的脱钩断链，主要针对高精尖工业领域，这些都对老工业区转型发展、向高精尖等未来产业升级跨越增加了难度。

技术革命和产业变革日新月异，"硬科技"越来越成为体现国家竞争力的核心战略力量。当前，世界正由第三次工业革命向第四次工业革命挺进，第四次工业革命是以石墨烯、量子科技、人工智能、基因工程、核聚变等这些硬科技为代表的工业革命，将全面改变世界格局，世界之变、时代之变、历史之变正在徐徐展开。世界各国都在准备抓住第四次工业革命，谁抓住了工业革命的最前沿，谁就是未来的王者。我国在实现中华民族伟大复兴的道路上，第四次工业革命事关全局，硬科技尤为重要，它

是我国全球并跑和领跑的关键，新材料（石墨烯等）、新能源、机器人、生物科技、新一代信息技术、智能制造等，这些硬科技都是未来创新的"核爆点"。在过去的一二十年里，我国的互联网迅猛发展，更多的是商业模式创新。而硬科技则是实打实的科技创新，具有投入大、长周期、高难度、风险大等特点，无法通过传统的砸钱、挖人等方式解决，科技创新没有捷径，只能遵循规律、一步一个脚印地往前走，容不得半点虚假。老工业区要实现技术升级和产业跨越必须要付出更大的代价。

▶▶ 0.2.2 蓝图更加波澜壮阔，留给老工业区的时间不多了

党的二十大为老工业区转型发展和更新改造擘画了时间表和路线图。党的二十大擘画了全面建成社会主义现代化强国的宏伟蓝图，是未来30年全党全军全国人民共同的奋斗目标，是以中国式现代化实现中华民族伟大复兴的行动纲领。党的二十大报告中提出了新时代下的"四个现代化"，即新型工业化、信息化、城镇化、农业现代化，并明确了时间节点，提出2035年要基本实现"四个现代化"，坚持把发展经济的着力点放在实体经济上，加快建设制造强国、质量强国、航天强国、交通强国、网络强国、数字中国。这是我国立足国内国际形势，做出的重大决策部署。因此，老工业区既要向高精尖工业领域迈进，又要在2035年前赶上新型工业化的时间进度，老工业区"突围"任务十分繁重。

"双碳"目标为老工业区"突围"划定了环境红线。气候变暖是人类共同面临的全球性问题。我国作为全球最大的碳排放国，向世界庄严宣示了2030年前实现"碳达峰"，2060年前力争实现"碳中和"的战略目标。"双碳"目标的影响是系统性的，掀开了我国绿色低碳发展的新篇章。尤其对于以化石能源为主导产业的老工业区而言，要坚定不移走生态优先、绿色低碳的高质量发展路子。"双碳"目标的实施要求其尽快进行技术升级和环保改造，实现清洁高效利用。或者，加快向光伏电、风电、生物质能、地热、氢能、储能技术等新能源和可再生能源转向。

▶▶ 0.2.3 各类园区千帆竞发，内卷给突围增大了难度

面对繁多的产业园区，老工业区的优势在哪？目前，全国产业园

区星罗棋布、数量众多，截至2021年我国共有232个国家级经济技术开发区，19个国家级新区，地市级和县级各类园区不计其数，在形态上有经济技术开发区、高新技术开发区、自贸区、临空经济区、工业园区、金融商务区、文化产业园、农业综合开发试验区、林业开发、旅游开发区、商贸加工物流区等。这些园区成立时间均晚于老工业区，没有沉重的历史包袱，市场化程度更高、经营管理体制更加灵活，跟它们综合相比，老工业区还有不少的短板。

园区各显神通，内卷严重。各园区努力优化营商环境，简化行政审批流程，推出"服务包"、服务管家、企业家早餐会等措施，在产业招商、引进企业上想尽了招数，相互争夺企业资源的现象也屡见不鲜。比如北京大兴国际机场临空经济区，努力开展国际化招商，在境外先后设立了北美、日本、德国等多个海外代表处，与中国法国工商会，中国美国商会等建立合作关系，多措并举引进国际化高端化企业资源。对于进驻企业不断出台资金奖励、租金优惠、住房保障等措施，不可谓不煞费苦心。面对这些干劲十足的"同行"们，客观上增加了老工业区突围的难度。

▶▶ 0.2.4 存量更新时代来临，老工业区突围迎来机遇

时代大潮下，存量更新时代开启了求质量、讲品质、比动力的全新时代，任何区域、任何团体组团、任何个人都不能置身事外，都是局中人。

城镇化水平达到中等发达国家水平，城市存量更新时代已经到来。自1990以来，我国城市建成区面积从1.3万平方公里增长至2021年的6.24万平方公里，增长了4.8倍。与此相对应的是常住人口城镇化率，从1990年的26.44%增长至2021年的64.72%，增长了2.44倍。建成区面积增长速度比常住人口的增长速度高出近1倍，土地城镇化速度远高于人口城镇化速度，导致的后果就是大量住宅和楼宇空置，形成空城、鬼城。因此，对于实体空间而言，全国的存量建设总量基本可以满足需求。当然，在总规模超量的情况，存在着地域、类型、性质等方面的结构性问题。但总体看，我国已经进入了需要控增优存的城市更新时代，城市建设已由传统的注重外延规模扩张进入到注重内涵更新和品质提升

的新阶段，并且越来越受到全国各地的重视。2021年以来已有30余个市出台了百余条城市更新相关政策，从实施意见到城市更新条例不断升级。

事实上，城市更新就像新陈代谢，是城市的功能、人口、产业等聚集到一定程度后的必然选择和必由之路，发展水平越高、越成熟就越早进入存量更新阶段。纵观国内外城市化发展历程，基本都经历了"城市化—郊区城市化（城区城市更新）—逆城市化—再城市化（城区城市更新）"过程，演进轨迹形成"S型曲线"。城市更新在郊区城市化和再城市化阶段发挥着重要作用，城市更新的主要目的是完善城市功能、提升城市活力、改善人居环境、加强历史风貌保护、增加公共开放空间、补足公共服务设施等，它可以有效防止中心城区功能疏解后带来的"空心化"问题，保持和重新焕发了中心城区活力、魅力和吸引力。

以北京为例，北京市已经进入了高级城镇化发展阶段，2019年常住人口城镇化率达到87.6%，户籍人口城镇化率达到83.8%，并呈现基本稳定态势。北京市在进入高级阶段后，由于中心城区功能和人口过于集中带来了"大城市病"，近年来坚定实施了以疏解非首都功能为"牛鼻子"的疏解整治促提升专项行动，中心城区人口出现拐点。在取得显著成效的同时，如何进一步提升城市功能、在"老城不能再拆了"的前提下激发活力、改善宜居品质、补齐公共服务短板，如何在高级城镇化下稳投资、促消费、稳中求进实现经济社会健康发展，成为首都全新历史阶段建设国际一流的和谐宜居之都的重大课题，城市更新恰恰是解决这一问题的重要手段。

老工业区成为城市更新的重要内容。对于工业区的更新改造，很多城市早就开始了实践探索。广州市在2009年前后开展的"三旧"改造（即旧城镇、旧厂房、旧村庄改造），就是对存量厂房等工业设施和建设用地进行再开发和再利用。此后广州、深圳、上海市从组织领导、政策法规、操作实施等方面对城市更新进行了规范和界定，广州市成立了我国第一个城市更新局，深圳、上海都出台了城市更新实施办法和细则。北京城市更新出台规范的政策法规相对较晚，2021年印发《北京市城市更新行动计划（2021—2025年）》，2022年出台《北京市城市更新条例》，其城市更新的内容主要包括6大类：首都功能核心区平房（院落）

申请式退租和保护性修缮、恢复性修建，老旧小区改造，危旧楼房改建
和简易楼腾退改造，老旧楼宇与传统商圈改造升级，低效产业园区"腾
笼换鸟"和老旧厂房更新改造，城镇棚户区改造，老工业区可以纳入到
低效产业园区"腾笼换鸟"和老旧厂房的更新改造范畴。

0.3 老工业区更新改造的步伐从未停歇

每个人都有起起伏伏，苏轼和邓公都是"三起三落"，他们都是当
之无愧的英雄人物，这些起起伏伏并不影响其伟大。问题的关键是如何
面对困境和低谷，从不屈服并进而东山再起，方是英雄本色。

一切过往皆为序章。曾经的辉煌和荣耀都已成为历史，面对当前的
困难，老工业区从不缺乏创新的思维、不屈的精神、大胆的闯劲，进行
了"突围"探索。

0.3.1 铁西工业区拉开了老工业区改造序幕

探索率先从东北三省开始了，沈阳铁西工业区改造是最重要的标志
性工程。

铁西区因位于长大铁路（长春至大连，途经沈阳，1903年通车，俄
国修建）以西得名，最早的铁西工业区可追溯至伪满政府《奉天都邑计
划》中首次确定其为工业区，可见其历史之悠久。

中华人民共和国成立后，"一五""二五"时期，苏联援建的156个项
目中，有6个布局在沈阳，其中3个落地铁西工业区，一批机床厂、电
缆厂、机械厂等骨干企业落地铁西区。到20世纪80年代，铁西区已经
成为以机械工业为主，涵盖变压器、化工、冶金、建材、纺织等综合性
工业园区，创造了超百项的"中国第一"，从铁西工业区向国内诸多后进
的工业区支援输送了大量专业人才和技术工人，被誉为"东方鲁尔"。

20世纪80年代，铁西工业区逐渐衰落，产业结构老化，30多年基
本没有进行技术改造升级，主要靠"吃老本"，技术老化、工业老化、
产品老化，环境污染严重，基础设施落后。企业亏损严重，工人工资发
不下来，30万产业工人一半左右下岗，曾经辉煌的北二路成为"下岗一

条街"和"亏损一条街"。区域更新改造和产业更新改造到了不得不改、生死存亡的地步。

铁西工业区如何改造成为摆在沈阳市委市政府面前的一道难题。1983年，沈阳市委、市政府决定整体性改造铁西工业区。1986年2月5日，原国家计委同意进行沈阳市铁西工业区总体改造规划试点，列入国家"七五"计划，并给予一系列优惠政策待遇。

改造的总体思路是整体性进行区域改造，改旧和建新统筹规划、一并实施，要搬迁老工业区、规划新产业区，空间上要实现腾挪置换，资金上要能够平衡，人员上要能够安置再就业，才能走得通。

突破口是从设立新区开始的。将铁西工业区与沈阳经济技术开发区合并，组建铁西新区。2002年6月18日两区政府机构合署办公。通过统筹管理，整合两区资源以及新区工业与老区服务业的互补性发展，聚集了全市70%以上的工业固定资产，70%以上的大中型企业，65%的产值，70%的利税，形成新区"工业航母"和老区的现代服务业体系。为确保两区合署办公后快速发展，提高政府管理水平和服务效率，市政府下放了规划审批、土地出让、配套费收缴、立项审批等市级经济管理权限，进一步放大了两区合署的综合优势。2007年6月，沈阳市委、市政府再次决定将铁西新区与细河经济区重组合并。经历了一次合署和一次合并，铁西区由最初的65.9平方公里扩至484平方公里。

"东搬西建"筹备改革发展资金。为解决"钱从哪里来"的难题铁西区实施了"东搬西建"战略。几年来，铁西区共搬迁企业212户，搬迁面积595万平方米，获得土地收益140亿元。其中50亿元用于解决国有企业历史遗留问题，55亿元用于支持企业发展，35亿元用于城乡基础设施建设。"东搬西建"直接拉动了地位的攀升，并继续呈现上升态势。

实施综合改造增强企业竞争力。铁西区通过企业内部整合、土地置换、对内对外并购、投资主体多元化等一系列综合改造措施，全面增强骨干企业核心竞争力，提高资产质量，全力打造以机床、沈鼓、重工、机车车辆等为代表的创新型企业。其中，机床集团通过对机床一、机床三、中捷三个企业的整合，以及并购德国希斯、云机、昆机，实现了跨地区、跨国经营，产值数控化率由2000年的27%提高到70%；沈鼓集团重组沈阳气压机与沈阳水泵，建设了占地90万平方米新厂区；沈重集团和沈矿集团通过战略重组，通过收购德国维尔特公司，掌握盾构机的制造系统技术，成为国内第一个能够设计制造全部三种盾构机企业。

人们常说"东北振兴看沈阳，沈阳振兴看铁西"，铁西区的涅槃重生之路充满艰辛，工业区更新改造，不仅仅是产业转型升级，也是城市功能再造、经济体系重塑、生产生活方式重构、人口结构调整，铁西工业区拉开了老工业区更新改造的序幕。

▶▶ 0.3.2 快速城市化倒逼了老工业区搬迁改造

进入21世纪，尤其是21世纪前10年，是我国经济保持双位数高速增长的黄金期。这一时期，城镇化步伐加快，城镇化率每年以超过1个百分点的增长，城市的大幅扩张，城市建成区面积由2000年的22439.28平方公里增至2010年的41407平方公里，使得原来距离中心城区较远的老工业区，被纳入了城区，便利的交通、大片住宅、商业区、园区，老工业区的土地价值大幅攀升。而与此形成鲜明对比的是，老工业区内的企业效益逐年下行，与城市功能定位越来越不相适应。

于是，老工业区的搬迁改造在经济高速增长的大背景下，被提上了日程。

总体上看，国内绝大多数的老工业区走的是搬迁腾退、政府土地收储、替代发展新产业的道路。为了快速回笼资金，相当比例老工业区走了搬迁腾退发展房地产的路子，尤其2010年以后在我国房地产快速发展时期，这种方式见效快、易操作，受到了当地政府的青睐。

▶▶ 0.3.3 存量更新改造的探索

除了上面提到的搬迁后拆除重建模式外，也有一些案例保留工业厂区厂房，通过对工业建筑内外部更新改造，形成独特建筑风貌，再引入文化、科技等产业，实现了转型升级。

北京电子城就是其中成功的典型案例。

1951年，为了推动我国的电子工业发展，中央决定在北京朝阳区酒仙桥地区，建立北京电子管厂和华北无线电器材联合厂。北京电子管厂由苏联援建，华北无线电器材联合厂由民主德国援建。北京电子城老工业区就是依托这两个工厂逐步发展壮大起来的，曾为我国电子工业和国防建设作出了特殊贡献，被称为"新中国电子工业的摇篮"。电子城总用地10.5平方公里。其中现状城市建设用地7平方公里。

跟当时诸多国有大厂一样，电子城里的国有大中型企业，缺乏对市场变化的敏锐性和适应性，创新活力严重不足，陷于"资金匮乏、设备老化、经营衰退、资源枯竭、亏损严重、职工收入低、住房条件差、人才急剧流失"的严重困境，需要北京市财政每年拨付大量资金维持运转，成为政府财政的沉重包袱。

1992年4月，电子城的12位厂长联名上书北京市，呼吁申请开展改造振兴工作。1993年6月，北京市市长办公会上决定启动北京电子城老工业基地改造工程。此后研究制定和实施了《北京电子城方案》，将电子城改造工程定位于"不同于目前国内建立的经济技术开发区，以搞活、改造现有国有大中型企业为宗旨；以存量调整为主，并与增量调整相结合"。在产业方向上，定位于"把北京电子城改造建成产学研结合的能将科研成果迅速转化为生产力的基地，国家重要的电子信息产业基地，建成科研开发中心、商情信息中心和电子产品集散中心"。

在具体做法上，主要有：

一是老工业区变高新园区。先是将电子城（规划区10.5平方公里）划入北京高新技术产业开发试验区，其后又划入中关村科技园区。凭借高科技企业税收优惠政策、专项基金、配套资金、高校科研院所的技术优势，吸引了松下、西门子、爱立信等一批国际知名公司入驻。经济效益和区域面貌大为改观，逐步实现了"在老工业基地上进行高科技园区建设"。

二是通过合资兼并重组整合优势资源。与铁西工业区老国企搬迁或退出不同，电子城实施的是企业的合资、兼并、重组。774厂通过职工集资以及银行债转股，改制为京东方科技集团，主攻半导体显示，改制4年后的1997年京东方在深圳证券交易所上市，如今已成为全球最大的液晶电视和显示器面板供应商。738厂改制为"兆维集团"，700厂、

706厂、707厂、718厂、797厂、798厂6家企业合并改制为北京七星华电科技集团。

三是利用厂房厂区发展文化艺术和创新产业。利用厂区浓浓的工业文明风范和独特的建筑风貌，对798、751区域的厂房厂区进行改造，整体规划，改善环境、完善基础设施，开设工作室、画廊、雕塑工厂，开展建筑设计、服装设计、音乐演出等。798艺术区和751创意产业园已经成为北京市重要的创意产业聚集区，798已经成为北京在国际上极具影响力的区域，751成为国际时尚中心。

0.4 首钢老工业区涅槃重生贡献了首钢方案

首钢老工业区位于北京市石景山区西南部，毗邻永定河，距天安门仅17公里，面积8.63平方公里。首钢工业区内聚集了首钢集团的诸多子公司和生产车间，形成了以生产钢铁业为主，兼营采矿、机械、电子、建筑、房地产、服务业、海外贸易等多种行业，跨地区、跨所有制、跨国经营的大型企业集团。2011年，首钢集团实现营业收入2460亿元，钢铁产能超过3000万吨，成为全国第三大钢铁企业，首次跻身世界500强，排名第295位。首钢老工业区涅槃重生之路，是首都城市发展方式深刻转型的时代缩影。

0.4.1 首钢集团是百年钢铁老厂

首钢老工业区始建于1919年，但其组织筹划则可追溯到1914年，当时在直隶省龙关县（今河北省赤城县）探明发现铁矿资源。1916年，正值第一次世界大战激战正酣，徐绪直等人见铁价高企，向当时北洋政府呈文，申请开发龙关铁矿，并组建设立龙关铁矿股份有限公司，但未获批准。1918年初，徐绪直等人再次申请，2月北洋政府国务院批准了申请。1918年3月16日龙关铁矿公司正式成立。1918年6月，陆宗舆等人筹建河北宣化烟筒山铁矿。1919年初，陆宗舆等人将龙关铁矿、烟筒山铁矿合并，各取第一个字组建新的"龙烟铁矿公司"，其后又定名为石景山炼铁厂，亦即首钢集团的前身，首钢老工业区以此发展壮大而来。

此后，受战火影响，石景山炼铁厂几次易主，1924年被张作霖占领，1928年被蒋介石接收，1937年被日本侵略者占领，1945年抗战结束后才得以收回。新中国成立后，首钢进入快速发展期。1966年，正式更名为首都钢铁公司。改革开放以来，首钢集团的钢产量从1978年的179万吨增加到2010年的3200万吨，销售收入从1978年的14.43亿元提高到2010年的1975亿元；从1979年到2009年累计上缴国家利税608亿元，为我国经济社会和钢铁工业发展作出了突出贡献。

首钢集团是具有光荣传统、改革精神的企业，为国家和北京市作出了重要贡献。它曾经是我国第一座转炉的诞生地，最早在高炉冶炼系统使用喷吹煤粉技术的工厂，首钢承包制作为全国学习的榜样，历史上的首钢集团和首钢工业区，积极改革创新，是勇立潮头的开路先锋。

▶▶ 0.4.2 首钢搬迁开启凤凰涅槃新篇章

2001年7月13日，中国申奥成功，北京取得了2008年奥运会申办权。正是这个令全中国人民兴奋、激动和扬眉吐气的重大事件，直接推动了首钢集团搬迁调整工作的实施。

随着北京经济发展模式的逐步转型和产业结构调整，北京市环保压力越来越大。多年来，首钢集团为了解决污染问题作了大量工作。1995年以后，首钢集团每年从利润中拿出30%进行环境治理。2002年，首钢环保投入达2.41亿元，相当于当年利润的50%。从1995年到2002年，首钢集团在环境治理上累计投入15.54亿元，污染物排放量大幅降低。北京申奥成功后，为进一步减轻北京的环境压力，于2003年底压缩北京地区钢产能200万吨。经过环保改造和投入，虽然区域环境质量明显好转，但仍难满足首都及奥运会的环境质量要求。

2004年8月1日，"首钢涉钢系统搬迁评估会"在新大都饭店召开，国家发展改革委、国家环保总局、北京市政府、首钢总公司（首钢集团前身）、河北省发展改革委等11个部门参会。会议就首钢涉钢产业全部搬离北京，还是分阶段压产但不搬迁，产生了分歧。首钢集团的本意是通过分阶段压减产能和技术改造，达到环保排放标准而不搬离北京。会议的最终结果还是首钢涉钢产业搬离北京。这次会议在首钢集团发展历程中具有特殊的意义。首钢集团作为国有企业，体现了政治担当，当国家需要的时候，必须服从国家大局。

2005年2月，国务院批准了《关于首钢实施搬迁、结构调整和环境治理方案》，首钢搬迁正式启动。为顺利推进首钢搬迁，国务院成立了由国家发展改革委、科技部、北京市政府等国家有关部委和地方政府组成的首钢搬迁调整工作协调小组，时任国务院副秘书长张平同志担任组长。北京市也相应成立了首钢搬迁协调领导小组。2005年6月，首钢石景山地区炼铁厂五号高炉停产，拉开了压产的序幕。2010年底，首钢石景山地区涉钢产业实现了全面停产，时任国务院副总理张德江、时任北京市委书记刘淇出席首钢石景山厂区钢铁主流程停产仪式。

在实施压产的同时，新厂项目建设加快实施。2005年，国家发展改革委批准建设河北曹妃甸首钢京唐钢铁厂，项目总投资677.3亿元，由首钢、唐钢共同出资组建的首钢京唐公司负责建设。同时，首钢在河北迁安成立首钢迁钢公司，2005年3月开工，2006年底建成投产，形成年设计能力为450万吨铁、450万吨钢、400万吨热轧板带钢的国内领先的热轧板材生产厂。当时，党和国家领导人胡锦涛、吴邦国、温家宝等高度重视首钢京唐钢铁厂建设，相继到建设工地考察调研。首钢石景山厂区涉钢产业全面停产，外埠新钢项目顺利投产，标志着首钢搬迁工作基本结束。

为顺利实施首钢搬迁，国家、北京市给予诸多优惠政策，补贴大量资金。2002年至2011年底，国家、北京市累计支持首钢搬迁调整资金达182.41亿元，超过政策批复资金29亿元，享受政策全部为突破性政策。北京市返还了首钢北京地区18户企业2006—2009年的所得税，投入60亿元用于解决首钢资本金投入问题，对人员安置、外埠企业划转等给予了特别支持。

首钢实施搬迁调整后，以退促进，赢得了发展空间，释放了10多平方公里宝贵的土地，且是城区内唯一一块环山抱水的大规模待开发区域。北京市统筹考虑了区域功能和城市定位，将首钢老工业区及周边区域规划命名为"新首钢高端产业综合服务区"，在北京市"十三五"规划纲要中将其作为北京市"六高四新"高端产业功能区布局中的"一新"。自此揭开了首钢老工业区开启城市复兴和更新改造的新篇章。

▶▶ 0.4.3　首钢老工业区更新改造的特殊性

首钢老工业区与上述的铁西工业区等国内其他老工业区更新改造有较大不同，这些不同给首钢老工业区改造带来了较大困扰。

第一，由于历史原因，首钢老工业区是首钢在已经享有使用权的土地上发展新兴产业，是利用自己的土地发展综合性大型企业集团，且土地一级开发主体是首钢，首钢通过土地使用权享有相关权益。因此，首钢老工业区的土地权属仍然属于首钢集团。对于大部分老工业区而言，企业搬离老工业区后，政府批准新址，会将老址收回收储，政府可以重新规划新功能，通过招拍挂方式寻求新投资主体，这种方式是常规性运作方式。但首钢老工业区土地权属仍然为首钢集团，原土地为划拨用地，土地性质为工业用地，首钢重新植入和发展商务、商业等经营性功能时，根据土地管理法的有关规定，需要重新走招拍挂的土地出让程序，且不能以协议出让方式供地。如果重新招拍挂方式供地，大量市场主体涌入，很难保证首钢的权属利益。

第二，由于土地权属于首钢，政府不再对老工业区进行大规模出资建设，土地收益可以返还区域，按照"原汤化原食"的方式开展建设。同时，在首钢搬迁调整过程中以及持续百年钢铁冶炼生产经营活动，形成了搬迁高额历史成本。这些均加大了老工业区资金平衡的压力。

▶▶ 0.4.4　首钢老工业区更新改造的"八个突围"

2010年底首钢在京涉钢产业全部停产后，北京市成立了首钢地区规划建设及产业调整工作领导小组，统筹、指导和实施首钢搬迁调整工作，该项工作的牵头部门由经济和信息化部门转移到了发展改革部门。

在工作过程中，首钢老工业区的更新改造是一项复杂的系统工程，需要爬坡过坎、攻坚克难。我们把其总结提炼为需要过"八个坎"，即道路方向坎、规划功能坎、品牌招商坎、土地资金坎、遗存保护坎、行政审批坎、产业替代坎、体制机制坎，在现实操作中，可以说是"一步一道坎"，只有过了这八道坎，才能推动更新改造有序实施。对应这八道坎，我们在第三篇里用八个突围，总结分析了首钢老工业区更新改造走过的历程，即道路突围、规划突围、品牌突围、土地突围、工业遗存突围、审批突围、产业突围、机制突围。具体内容详见第三篇。

参考文献

[1] 李昊.老工业基地兴衰历程中城市文化的变迁：以沈阳市铁西区为例[J].上海城市管理，2017（4）.

[2]（美）弗雷德里克·P.施图茨，巴尼·沃夫.世界经济·地理、商业、发展[M].彭志文，译.上海：上海人民出版社，2020.

[3] 王海澜.首钢简史：日本侵华时期的石景山制铁所[M].北京：人民出版社，2012.

第1篇

历史与变迁

　　我国历史文化悠久，青铜冶炼等手工业史源远流长、灿烂发达。自洋务运动开启近代工业化以来，我国已经从落后的农业国转变为现代工业国。其中，老工业区扮演了重要角色，为我国建立自己独立完整的工业体系、为老工业城市的形成发展作出了突出贡献。追溯我国一百多年的近现代工业历史，让我们跟随历史的脚步来探索老工业区的前世今生，总结老工业区从萌芽、起步、繁荣、衰落再到转型的演变历程，并从中汲取经验和启示。

国际服务贸易交易会
INTERNATIONAL FAIR FOR TRADE IN SERVICES

6-8号会议室
Conference Room 6-8

服贸会P1停车场
（秀池停车场）
CIFTIS P1 Parking
(Xiuchi Parking)

第1章

我国老工业区前世今生

我国老工业区发端于第二次鸦片战争后，西方列强侵略中国，"师夷长技以自强""师夷长技以制夷"，引进西方先进生产技术，兴办工业，1878年7月24日清政府在唐山设立"开平矿务局"，拉开了中国近现代工业革命的序幕。"九·一八"事变后，伪"满洲"国启动了两个"产业开发五年计划"，使得东北重工业、军事工业快速扩张，部分老工业区在新中国成立之前就得到一定的发展。新中国成立后，我国大力推动工业发展，构建起了完整的工业体系。

总体看，我国老工业区主要经历了萌芽初探、起步发展、繁荣发展、曲折发展、转型振兴五个阶段，其发展历程不同寻常。

▶ 1.1 萌芽初探：工业发展的星星之火（1840—1940年）

我国的工业和工业区的发展始于外国侵略的历史维度中，列强对资源能源的占有，其后在抵御外侵、自立自强中，并在学习模仿基础上，点燃了我们自己的工业星火。

1840—1895年，自1840年鸦片战争以后，西方国家纷纷在华设立工厂，这个时期的工业主要服务于外商对华贸易，以船舶修造业、丝茶加工等为主，基本没有重工业。"侵略到哪，工厂就开设在哪"，这些国外工厂主要分布在上海、广州、武汉、厦门、汕头等东南沿海沿江地区，其中上海占比约一半。这段时间正是鸦片战争到甲午战争期间，东南地区少数大工业中心开始形成，为老工业区的诞生与发展奠定了基础。

专栏1-1 江南机器制造总局

江南机器制造总局由两江总督曾国藩和江苏巡抚李鸿章于1865年（同治四年）创办。它是一座生产枪、炮、弹、火药、轮船、钢材等多种产品的综合性军工厂，也是中国近代早期兴办的规模最大的军工企业，为中华民族工业的发展作出了巨大的贡献。江南机器制造总局为中国造出第一艘兵轮、第一支后膛步枪、第一台车床、第一磅无烟药和炼出第一炉钢水，培养了众多的技术骨干，积累了管理近代工业的经验，对中国近代工业，特别是近代军事工业有深远的影响，为近代中国的国防贡献了不可忽视的力量（图1-1）。

图1-1 江南机器制造总局

（来源：视觉中国）

1896年甲午战争结束后，民族矛盾越来越激化，出现了抵制洋货运动。其后分别于1896—1898年和1905—1908年，两个时间段，引发了国人和商办企业两次工业投资的热潮，设立中国人自己的工厂，成为时代的呼声。此后的20年里全国新建了700多家工厂和矿山，行业主要涉及缫丝、棉纺织、面粉、榨油、卷烟、火柴等轻工业。同时，这一时期，清政府将铁路建设作为一项重要国策，铁路运输系统得到快速发展，得益于便利的铁路交通，工业开始向内地城市伸展，特别是采矿业，如河北、山西的煤矿，湖南、云南的有色金属，东北地区开始形成大连、哈尔滨两个工业中心，沈阳铁西区等依靠铁路运输发展起来的大型工业区雏形已经显现。

专栏1-2 汉阳铁厂

汉阳铁厂是由湖广总督张之洞主持建造的我国近代最早的官办钢铁企业，是当时中国第一家，也是最大的钢铁联合企业。从这里开启了中国钢铁工业蹒跚脚步，它的建成被西方视为"中国觉醒"的标志，也是近代武汉崛起的一个里程碑。

汉阳铁厂在1890年由湖广总督张之洞主持在湖北武汉动工兴建，1893年9月建成投产。全厂包括生铁厂、贝色麻钢厂（贝色麻是当时炼铁的一种方法，也就是酸性法，这种方法只能炼含磷低的铁矿石）、西门士钢厂、钢轨厂、铁货厂、熟铁厂等6个大厂和机器厂、铸铁厂、打铁厂、造鱼片钩钉厂4个小厂。1908年成立汉冶萍煤铁厂矿股份有限公司，统辖汉阳铁厂、大冶铁矿、萍乡煤矿、大冶铁厂等厂矿，兼炼铁、采矿、开煤三大端，它是中国第一代新式钢铁联合企业，也是当时亚洲最大和最早的钢铁联合企业，可谓"中国钢铁工业的摇篮"。

第一次世界大战爆发后，英国、法国、德国、俄国等国忙于战争，生产受到破坏，致使外国来华商品和资本输入的总额显著减少，而出口总额大量增加，给我国工业发展提供了机遇。纺织、面粉加工等轻工业和日用品制造发展迅速，逐步形成了三个重要工业基地，即以上海为核心的轻纺工业基地，东北工业基地，以及青岛、天津两个棉纺织工业基地。

专栏1-3 天津碱厂

1914年8月第一次世界大战致使进口中国的洋碱减少，天津、上海等用纯碱作原料的工厂纷纷停工。在当时世界制碱工业已有百余年的历史，但当时中国却靠用天然碱溶化成碱水而后凝成块的"口碱"作为食用。此"口碱"质劣价昂且极不卫生。19世纪末，"洋碱"开始倾销中国，由于本国不能制碱，致使大量黄金外流。1914年，范旭东在创办久大精盐厂的基础上，决心"变盐为碱"，兴办"永利制碱公司"，开创中国制碱工业的先河。

天津碱厂是中国第一家近代精盐厂；中国最早的盐化工企业；我国乃至亚洲最早的制碱企业；苏维尔生产线为我国最早的制碱工艺流程线，具有首创价值，目前保存完好，工业特色鲜明；联碱区为我国自主研究的侯氏制碱法的代表，具有典范价值；1926年"红三角"纯碱在美国的费城万国博览会获得金质奖，被誉为"中国工业进步的象征"；第一个专门的化工研究机构，开创了我国无机应用化学、有机应用化学及细菌化学的研究，培养了一批化工人才；先后向巴西、印度、阿尔巴尼亚等国家转移制碱技术。

1937年卢沟桥事变之后，为了抗日战争的需要，我国开始大力发展重工业，开设的工业企业行业扩大到钢铁、机械、有色金属冶炼、化工、电子等方面，区域范围快速扩大，形成了重庆、川中、广元、昆明、贵阳等11个工业区，极大地改变了此前中国工业布局不平衡、轻重工业结构不合理的格局，使中国拥有现代工业的地域有了大面积的扩展，有力地推动了工业现代化进程。

1.2 起步发展：老工业区发展形成燎原之势（1950—1960年）

新中国成立之初，我国将有限资源集中投向工业部门，开工建设了一大批工业项目。在苏联的资金、技术和设备援助下，建设了以"156

项"为核心的近千个工业项目，在大项目的带动下，快速建立起属于自己的工业体系，老工业区就是在这一时期开始形成的。

具体来看，1949—1957年，是我国历史上经济发展比较快的时期。1949年中华人民共和国成立后，国家首先发展恢复了钢铁、矿山、煤炭、机器制造等急需行业，仅用三年的时间，工业生产实现迅速增长，奇迹般地在战争废墟上恢复了国民经济。1953年开始实施的"一五"计划，确立了以重工业优先发展为主导的新中国工业化发展的主要方向，"一五"时期苏联援建的156项工程中，进入实际施工的共有150项（表1-1），并根据区域均衡发展、资源分布、重点发展内地工业及充分考虑国防安全等原则，确定了工业建设的区域布点安排：一方面充分发挥东北、上海等老工业基地的作用，另一方面，把长江以北，包头、兰州以东地区作为新的工业基地进行重点建设。到1957年底，全国初步建成西安、洛阳、成都、太原、包头、武汉、兰州和大同八大工业区，形成了完整、独立的自己的工业体系雏形。

"一五"时期苏联援建实际施工项目　　　　　表 1-1

项目类型		数量
军事工业企业	航空工业	12
	电子工业	10
	兵器工业	16
	航天工业	2
	船舶工业	4
冶金工业企业	钢铁工业	7
	有色金属工业	13
化学工业企业	化学工业	7
机械加工企业	机械加工工业	24
能源工业企业	煤炭工业	25
	电力工业	25
	石油工业	2
轻工业和医药工业企业	轻工业和医药工业	3
合计		150

专栏1-4 铁西老工业区的辉煌

铁西是国家在"一五""二五"时期重点支持和发展起来的重工业基地,创造了新中国工业史上几百个第一,是新中国工业的一张名片。在"一五"时期,国家把沈阳市铁西区列为重点改造工业区。当时的沈阳重型机器厂,是新中国成立后,国家投资扩建的第一个重型机械制造厂。从百废待兴到初具规模,铁西区的工业基础一步步得到完善,逐步形成了以机械工业为主,包括冶金、化工、制药、建材、纺织、酿造等行业的工业基地,其中20多个企业的生产规模和技术水平位于全国首位。铁西区作为"共和国工业长子""东北工业重镇"的美誉也由此得来。

二十世纪五六十年代,从共和国天安门城楼上第一面国徽、第一台五吨蒸汽锤、第一部50万吨钢坯初轧机组,到后来第一台拖拉机、第一台组合机床等,铁西的企业自力更生、艰苦奋斗,创造了无数个共和国的第一,铁西工业也逐渐成为我国装备制造业的基地。在那个特殊的年代,来自全国各地的产业大军,把青春、热情、汗水无私奉献给了铁西,奉献给了铁西工业。自力更生、艰苦奋斗是那个年代铁西人的执着追求。创建大工业、发展大工业是当时所有人的梦想。每天伴随着高耸的烟囱、宽大的厂区厂房、轰鸣的机器声,百万产业工人心中感到的是自豪与荣耀。

▶ 1.3 繁荣发展:老工业区建设如火如荼(1960—1980年)

20世纪60年代初,美苏两极对峙,中苏交恶,战争阴云密布,国际局势动荡不安。为加强国防战备、维护国家安全,党中央作出了三线建设的重大战略决策,开展以加强国防为中心的战略大后方建设,建成了一大批老工业区建设。这是中国经济、社会发展史上具有深远影响的一项战略举措,是中国经济史上一次极大规模的工业迁移过程。

专栏1-5 三线建设

20世纪60年代初，中共中央根据中国各地区战略位置的不同，将其分为一、二、三线。一线是沿海和边疆的省市区；二线是介于一、三线地区的省市区；三线包括京广线以西、甘肃省的乌鞘岭以东和山西省雁门关以南、贵州南岭以北的广大地区，具体包括四川省、云南省、贵州省、青海省和陕西省的全部，山西省、甘肃省、宁夏回族自治区的大部分和豫西、鄂西、湘西、冀西、桂西北、粤北等地区。

三线建设包括大三线和小三线建设。大三线建设是中国国家战略后方基地的建设，是三线建设的主要部分，建设内容是建立以国防工业和基础工业为主体，包括交通运输、邮电通信的中国国家战略后方基地建设，三线建设的主要部分燃料动力和农业、轻工业在内的国家战略后方基地。小三线建设是指在各省、直辖市、自治区的战略后方地区建立以迫击炮、火箭筒、无坐力炮、步枪、机枪、冲锋枪及其弹药和地雷、手榴弹等轻武器生产厂为主，包括为武器配套的工业、交通运输业和邮电通信等在内的地区后方基地，主要为满足地区自卫战中地方部队和民兵作战需要，也为野战部队提供武器弹药。

当时，我国面临多方威胁，一是美国在朝鲜战争后，与我国周边不少国家和地区签订条约，结成了反华同盟，建立了数十个军事基地，对我国形成了"半月形"包围圈，1964年8月美国扩大了越南战争，把战火烧到了我国南大门。二是1960年中苏关系破裂，苏联单方面撤走了在华全部专家，撕毁了243项合同，废除了257个科技合作项目，这对于中国的发展有着严重的影响。1964年勃列日涅夫当政后，在中国边境陈兵百万，声称要对我国正在做的核设施实行"外科手术"式打击。三是台海局势紧张，国民党在美国支持下叫嚣要"反攻大陆"，妄图在东南地区建立大规模进攻大陆的"游击战走廊"。此外，在中印边境，印度军队蚕食我国领土，在东西两端发动武装进攻。日本、韩国与美国结盟，采取敌视中国政策。在这种形势下，国防安全上升为头等大事。

令人担心的是，中国70%的工业分布于东北和沿海地区，从军事经济学的角度看，这种工业布局显得非常脆弱，东北的重工业完全处于苏联的轰炸机和中短程导弹的射程之内，而在沿海地区，以上海为中心的华东工业区则完全暴露在美国航空母舰的攻击半径之内。一旦爆发战争，中国的工业将瞬间陷入瘫痪。由此，为确保全国安全，调整转移重工业布局势在必行。

20世纪60年代，党中央作出了进行三线建设的重大战略决策。工程浩大的三线建设历经三个五年计划，投入资金2052亿元，占同期全国基建总投资的39%。投入人力高峰时达400多万人，工人、干部、知识分子、解放军官兵和成千万的农民，在"备战备荒为人民""好人好马上三线"的时代号召下，打起背包，跋山涉水，来到祖国大西南、中部和大西北的深山峡谷、大漠荒野。他们风餐露宿，肩扛人挑，用艰辛、血汗和生命，建起了1100个重点项目。三线建设决策之快，规模之大，时间之长，投入之多，动员之广，行动之快，职工积极性之高，都是空前的，堪称中华人民共和国建设史上最重要的一次战略部署，实现了生产力布局向西大迁移，对国民经济结构和布局产生了深远的影响，为西部发展作出了积极的贡献。

三线建设为中西部地区建设了45个工业产品重大科研、生产基地，形成了包括煤炭、电力、冶金、化工、机械、核能、航空、航天、兵工、电子、船舶工业等门类比较齐全的战略后方基地。实现了我国国防工业的一次大飞跃，从根本上改变了过去武器装备生产主要依靠一二线的状况，极大改善了我国国防工业布局，并掌握了原子弹、氢弹等高端技术装备，改变了世界大国的核平衡局势。三线地区成为我国稳固的战略后方基地，为我国经济建设和社会发展发挥了长久的保障作用。

经过近30年的工业化建设，我国逐步建立了有自身特色的工业体系和国民经济体系，在辽阔的内地和民族地区，兴建了一批新的工业基地；国防工业从无到有逐步建设起来，特别是成功发射"两弹一星"，巩固了国家政权稳定；铁路、公路、水运、航空和邮电事业都有很大的发展。总体上看，这一时期的工业区的建设，为改革开放后中国的快速工业化进程奠定了坚实基础。

◤ 1.4 曲折发展：老工业区逐步走向衰落（1980—2000年）

老工业区在快速建设发展的同时，时代环境也在快速变化。许多老工业区在计划经济时期都有过辉煌的成就，但是在我国实行改革开放市场经济后，部分老工业区却一度陷入困境。我国经济开始由均衡式发展向差异化发展转变，由封闭型经济向开放型经济发展，涌现出诸如长三角、珠三角等一批经济开放、技术进步的新型工业区，产业结构单一、科技创新不足、市场竞争能力差的城区老工业区逐步被取代，沿海地区成为国家推动经济发展的新方向。老工业区就像失去了拐棍的老人步履蹒跚，一些城区老工业区成为所在城市的"锈斑"。从全球来看，世界各国工业化初期成立的老工业区，在快速发展的辉煌后都出现了不同程度的衰落，在更新和改造初期未能立即找到合理的调整策略，老工业区还是没有摆脱衰落的命运。

东北地区作为我国最早的工业基地，在工业化进程中，基本采取传统工业化模式，资源和环境代价较大。自1978年实行改革开放以后，与高速增长的南方地区经济相比，中国东北地区经济发展陷入了停滞状态，阻碍经济发展的各种问题日益暴露出来，以资源类产业为主要依托的重化工业无法适应市场新的需求，产品开始滞销，传统产业开始衰退，企业亏损日趋严重，失业问题十分突出。经济发展步伐远远落后于其他沿海省市，在全国的地位也不断下滑，地区生产总值和工业总产值占全国的比重持续下降，经济总量位次连年后移。由于长期的过度开采，东北地区的资源日趋枯竭，环境状况不断恶化，贫困以及由此引发的社会问题日益突出，严重的经济衰退使东北地区成为当时我国最大的经济衰退区和问题区（图1-2）。

图 1-2　辽宁省沈阳市废弃重型工程车间

（来源：视觉中国）

1.5 转型时期：老工业区的振兴发展（2000年以来）

日渐衰落的老工业区"伤病累累"，不断由经济领域向社会领域延伸，必须推动转型振兴发展。老工业区是在优先发展重工业、先生产后生活的理念下建设起来，在几十年的发展中，逐步显露出以下几大问题。一是空间布局不合理，隐患突出。随着城市规模扩展，原位于郊区的老工业区已被包围到城市中心地带，区内生产、生活和公共服务区域混杂，制约城市布局优化和功能提升。区内可利用空间已基本饱和，一些企业厂区与居民区仅一墙之隔，不符合安全、卫生和环境防护国家标准要求，安全等隐患极大。二是产业层次低，落后产能集中。区内大多数是传统工业企业和老国企，一些企业效益差、包袱重、研发能力弱，工艺技术水平落后，"两高一低"产品较多，缺少新产品和技术储备，推进改革和转型升级举步维艰。三是市政基础设施老化，棚户区较为集中。道路破损，与区外道路衔接不畅，水电气热管网老化严重，污水垃圾处理设施不足，许多市政基础设施仍由企业负责运营。居民仍住在20世纪50至70年代建设的老房子里，棚户区相当多一些地方还有"城中村"。四是生态环境破坏严重，形成大片重工业污染土地。相当多的企业"三废"排放严重超标，是所在城市和江河流域的主要污染源，如株洲清水塘老工业区内几十座烟囱林立，对厂区周边及湘江流域生态环境造成了严重影响，厂区土地污染现象普遍存在。五是民生水平低，社会矛盾集中。区内退休和下岗职工多，低保户多，生活环境与相邻繁华地带形成强烈反差，造成一些人心态失衡，认为被社会边缘化，使老工业区成为当地社会矛盾集中的区域，群体性事件和刑事案件易发高发。

为更好地解决诸多难题，老工业区更新改造被提上议程。进入21世纪，国家把调整产业结构作为实现国民经济快速发展的战略重点。根据中国社科院经济学部、工经所和社科文献出版社联合发布的首部工业化蓝皮书《中国工业化进程报告——1995—2005年中国省域工业化水平评价与研究》，十年间中国经济结构发生了明显变化，至2005年中国的工业化进程已经处于工业化中期的后半阶段。从经济区域看，长三角和珠三角地区都已经进入工业化后期的后半阶段，领先于全国一个时期，环渤海地区也进入工业化的后期阶段。从省级区域来看，上海、北京、天津、广东、浙江、江苏、山东等7个省市已经达到或者超越了工业化后期阶段，其中上海、北京已经率先实现了工业化，进入后工业化社会。在整个中国快速工业化进程中，各个地区都在向着工业化高级阶段发展，我国经济发达地区的大部分城市将进入后工业化阶段，城市社会经济将进入产业布局、类型、结构的重构和转型的实质性实施阶段。

在此过程中，许多城市老工业区由于改革滞后、机制不活、投资短缺以及技改缓慢，逐渐丧失了市场竞争力，企业出现经济效益低下、土地大量闲置、下岗工人比例增大及再就业困难等严重的功能性和结构性衰退，严重的甚至危及城市的社会稳定。同时，随着城市化进程的大力推进和城市空间的迅速拓展，土地供需矛盾日益突出，由于城市老工业区处于城市中心的区位优势，其更新往往给城市土地的开发置换带来了契机。诸多方面的综合作用，促使老工业区更新改造提到地方政府的重要议事日程。如北京798工厂改造、沈阳铁西工业区更新改造、上海杨浦工业区更新改造、上海苏州河沿岸工业仓储建筑再利用、武汉旧城工业区更新改造、哈尔滨旧城工业区更新改造等，从这些老工业区更新改造实践看，均一定程度上实现了产业转型，缓解了老城内用地压力，改善了老城区环境，城市经济转换了赛道。

国家出台一系列政策推进工业区转型振兴。改革开放以来，在老工业区改造推进过程中，由于体制性、机制性、结构性矛盾，东北地区与沿海发达地区的差距不断扩大，面临的挑战和困难也越来越多。为解决这一问题，党中央、国务院于21世纪初期启动实施东北地区等老工业基地振兴战略。2002年党的十六大提出："支持东北地区等老工业基地加快调整和改造，支持以资源开采为主的城市和地区发展接续产业。"2003年中共中央、国务院下发了《关于实施东北地区等老工业基地振兴战略的若干意见》，2007年《东北地区振兴规划》发布，由此东北等老工业基地振兴战略正式成为国家重要的区域发展战略。2009年《国务院关于进一步实施东北地区等老工业基地振兴战略的若干意见》发布，此时，老工业基地由"调整"和"改造"进入"振兴"阶段。为巩固和深化老工业基地振兴成果，2013年国家发展和改革委员会发布《全国老工业基地调整改造规划（2013—2022年）》，提出"把再造产业竞争新优势、全面提升城市综合功能作为主攻方向……深入实施全国老工业基地调整改造"。2016年，中共中央、国务院下发的《关于全面振兴东北地区等老工业基地的若干意见》提出："不断提升东北老工业基地的发展活力、内生动力和整体竞争力，努力走出一条质量更高、效益更好、结构更优、优势充分释放的发展新路。"2017年党的十九大强调："深化改革加快东北等老工业基地振兴"。为支持老工业城市和资源型城市的产业转型及城市转型，2017年国家发展和改革委员会确定辽宁中部（沈阳—鞍山—抚顺）、吉林中部（长春—吉林—松原）、内蒙古西部（包头—鄂尔多斯）、河北唐山、山西长治、山东淄博、安徽铜陵、湖北黄石、湖南中部（株洲—湘潭—娄底）、重庆环都市区、四川自贡、宁夏东北部（石嘴山—宁东）12个城市（经济区）为首批老工业城市和资源型城市产业转型升级示范区。

专栏1-6　西安纺织城的死与生

西安纺织城建于20世纪50年代，是中国第一个五年计划时期的重点项目，纺织品生产基地之一。纺织城规划初期由苏联专家援助建设，占地面积25平方公里，位于西安市中心以东10公里处。纺织城项目建成之后，从全国各省汇聚了数十万前来支援西北建设的工人及其家庭。因为它是当时中国最大且最集中的纺织基地，所以被称为"纺织城"。当年建设的巨大厂房、灰砖砌筑的职工住宅和专家公寓在今日依旧矗立，激荡着旧时岁月的生产欢歌。

20世纪80年代，纺织城曾被称为西安的"小香港"，跳迪斯科和唱卡拉OK都从这里兴起，它是西安时髦和潮流的代名词。在商业大厦买日用品，去工会俱乐部跳支舞，来纺织城电影院约个会，纺织城青年的业余生活真的很丰富。那时候，纺织行业堪称陕西省出口创汇的第一大端口，在西安经济份额中力拔头筹，住在纺织城，是一件让人自豪的事儿。

可惜好景不长，市场经济的快速发展必然带来产业转型的阵痛。由于政策调整、竞争加剧以及管理体制落后，纺织业遭受巨大冲击，纺织城逐渐萧条。这座曾为一方经济做过很大贡献的庞大国企迅速陷入泥潭，谁也无力挽回。曾经热火朝天的纺织车间停产关闭，纺纱机不再轰鸣转动，地位举足轻重的纺织女工群体黯淡离场，不再风光。

时间来到20世纪90年代末，纺织城几乎变成了西安被遗忘的角落，在整个城市高度发展的黄金时代，这片曾经充满活力的土地仿佛一个被母亲抛弃的孩子：建筑落后陈旧，纺织工人生活困难，各种犯罪时有发生。纺织工厂一个接一个地破产，有的被财团收购，有的彻底消失。但纺织工人的宿命殊途同归，下岗是他们逃不开的困局。

贫困、发展滞后成为代名词，纺织城如一潭死水的状态已经持续了很长时间，直到2007年政府宣布拆迁改造工程启动才掀起了一点涟漪。

然而旧城改造并非一帆风顺，从2007年初宣布改造正式启动，到2011年停止，2013年再启动，纺织城的更新工程从搁浅到艰难推进，举步维艰。其中的利益分割造成几多欢喜和悲剧，"不拆安安宁宁地住，一拆什么问题都有"，纪录片《纺织城》里年迈的纺织女工坐在老宅叹息。拆迁政策的变化让她的家庭风波不断，也折射出政策变化下整个片区的情绪风暴。当纺织城的建筑和这些老人一样垂垂老矣，又有谁来见证它从衰败走向振兴？

纺织城改造完成后，将成为西安一处核心居住区，大量的新地产将会拔地而起，市民的居住生活环境将会大幅改善。目前那些破旧的厂房被拆除，在政府的牵头下一小部分改造成为类似北京798的艺术区——纺织城国际艺术区。

落后的纺织城其实充满了人情味。老街道虽然不够四通八达，但道旁的法国梧桐依旧高大挺拔；老商店没有宽敞的门厅和精致的装修，但也有新鲜玩意和亲切的老板；老顾客慢慢悠悠在街道上走着，时间在这里仿佛变慢。

青砖厚墙、冬暖夏凉、古朴肃穆……这些苏联建筑特有的历史符号组成了西安特有的历史记忆，半个多世纪之前，苏式建筑几乎占据了西安城四分之一的城市格局。尽管经历了多次拆迁改造，但纺织城的苏式建筑依然不少，这些楼在那个年代是西安最好的住宅，精致、坚固、沉稳。直到现在纺织城的大多数小区名称都有浓浓的历史味道：勤俭、节约、光明、平等。那座青砖砌筑的团结楼、互助楼、五爱楼，又曾是谁的家？

拆迁、改造、更新，揭开了纺织城的伤痛，也撕裂了整个西安老城区的伤疤。城市更新不是喊口号更不该是表面功夫，经历过失望与希望的纺织人依然对新生活饱含期待，但他们经不起一而再再而三地"被抛弃"了。从青砖砌筑到钢筋水泥，从旧楼小院到摩天大厦，居住条件不断优化，城市正在经历着前所未有的变革。

参考文献

[1] 安树伟，张双悦.新中国的资源型城市与老工业基地：形成、发展与展望[J].经济问题，2019（9）.

[2] 季晨子.近现代工业遗产整体性保护与再利用研究[D].南京：东南大学，2018.

[3] 邓佳，段孟琪.三线建设对我国区域经济发展的启示[J].投资与合作，2023（8）.

[4] 赵博涵.城市旧工业区空间形态演变研究[D].哈尔滨：东北林业大学，2012.

[5] 王谦谦.过度竞争对中小企业集群衰退影响研究[D].沈阳：东北大学，2010.

[6] 阳建强.老工业城市的转型与更新改造[J].城市发展研究，2008（S1）：132-135.

第2章

老工业区更新历程

2.1 城市更新背景下的城区老工业区

"城市更新"概念于1958年在荷兰召开的首届世界城市更新大会上被提出来的，指19世纪60至70年代发生在欧美国家的，主要以大规模推倒重建与清理贫民窟为任务的城市更新活动。此后，城市更新内涵延伸到对存量建筑的历史和文化价值、产业发展、公共服务配置等进行开发利用，从19世纪50年代的城市重建、60年代的城市复苏、70年代的城市更新、80年代的城市再建/再开发，直到90年代的城市复兴/再生，名称和叫法不断演变。城市更新在不同历史阶段被赋予了不同的内涵，并引导了不同更新的实践策略，改造、更新、复兴、再生、再开发、再利用等正在成为热门的话题，形成了一种时尚。城区老工业区更新，自工业诞生以来就作为城市的自我调节机制而存在，其主要内容是对工业闲置用地、企业搬迁后用地等进行改造利用，使其焕发活力、重新繁荣。

2.2 国外老工业区更新的发展历程

2.2.1 以大规模推倒重建为主要手段的更新萌芽阶段（1960年以前）

20世纪40年代，由于受到经济大萧条和第二次世界大战的影响，国外大型城市的中心城区出现了环境恶化、住房短缺等问题，西方发达国家纷纷制定城市更新规划，比如美国《城市重建计划》（1954年）、法国《巴黎地区国土开发计划》（1950年）、英国《综合发展地区开发规划法》（1947年）和《城市再发展法》（1952年）。尽管此次更新运动主要目的是清理贫民窟、改善内城环境和解决住房等问题，但对以前常常被忽略的工业区、仓储区等产业用地更新的理论与实践探索也开始萌芽，老工业区更新改造开始自此逐步展开。

伦敦、柏林、伯明翰等传统工业城的更新改造，首先是拆除老工业区的厂房、宿舍等建筑，再配建现代化的多功能建筑，或者是改造成城市公园或者公共服务设施，或者是引入高精尖产业业态，这些工作都是在政府主导下实施的。这种单纯以硬件设施本体规划为核心的更新方式促进了老工业区的再发展，但由于没有与城市发展的经济、社会等因素统筹考虑，改造后的城市面貌往往千篇一律、雷同单调、缺乏特色，而且还引发了系列社会问题，如中心城区产业空心化、地域文化多样性减少、城市道路拥挤和交通成本增加、城市历史文脉被割断等，造成了"第二次破坏"。

▶▶ 2.2.2 以市场为主导的渐进式小规模更新快速发展阶段（1960—1980年）

20世纪60年代，随着西方发达国家相继进入后工业化阶段，其城市中的传统工业逐步消亡，金融、信息、文化休闲等现代服务业快速兴起并成为主导产业，导致传统制造业衰落，引发了经济震荡、大面积失业、环境恶化等一系列问题。为更好实现全面复兴城市，英国伦敦、伯明翰，德国鲁尔、汉堡，荷兰鹿特丹及法国东北部一些传统工业城市，运用政策、立法与经济手段，促进老工业区的更新改造。在此背景下，老工业区更新逐渐成为西方国家城市规划领域的重要议题，理论研究和实践应用都进入了快速发展阶段。

这一阶段，老工业区更新被普遍作为复兴城市经济的重要手段。伴随经济危机带来政府财政困境和里根撒切尔主义的崛起，更加注重市场作用和个人主义，在老工业区更新方面具体体现为更新主体的变更，私人资本逐渐成为西方城市老工业区更新的主导力量，政府则主要通过设立企业特区或企业开发区、荒弃地拨款、城市拨款等激励措施提供资金和政策支持。典型案例有伦敦港口区更新、巴尔的摩滨水区更新、巴黎塞纳河工业区更新、加拿大温哥华格兰威尔工业岛改造等。

市场主导下的老工业区更新认为，只要经济发展、物质环境改善，衰落所产生的失业、贫困问题就会迎刃而解，它们的共性是通过投入巨额资金、建设地标性建筑、策划大型事件，吸引开发商投资，促进老工业区的功能置换和再发展，更新方式从政府主导的大规模推倒重建，转变为市场主导的渐进式小规模更新。但从后续发展来看，市场导向下更新是不可持续的，市场逐利的本性使其沦为房地产开发项目，老工业区被直接开发成居住、商业、休闲、贸易及会展中心，虽然短时间内为城市吸引了大量资金、人才和技术，但同时也引发了失业人口增加、贫富差距扩大、社会分化严重、地方文化流失等诸多问题。20世纪80年代末期，西方国家爆发了严重的经济危机，老工业区更新随着房地产泡沫的破裂而陷入停滞、破产，90年代初期伦敦最大的城市更新开发商奥林匹亚和约克公司宣布破产，基本上宣告了市场导向下的老工业区更新的失败。

▶▶ 2.2.3 以文化为导向的工业区更新全面发展阶段（1990年—2000年）

20世纪90年代，美国路易斯·芒福德、尼尔·史密斯等学者提出了"城市再生"理论，成为西方国家城市更新的思想基础并被广泛应用。该理论秉持可持续发展理念，强调社会、经济、文化的整体振兴。强调老工业区更新除了要关注经济、城市形象之外，更应关注社会公正、产业协调、人文复兴等因素。该阶段老工业区更新最主要的特点是文化转向。

文化因素对老工业区更新的影响最早可追溯到的20世纪70年代文脉主义，随后，在《华盛顿宪章》（1987年）、国际古迹遗址欧洲理事会会议（1985年、1989年）的推动下，文脉主义对城市更新的影响持续加深，到20世纪90年代，文化已经被规划师和政府视为城市更新的一种标准方法。因此，文化导向逐渐取代地产导向成为老工业区更新的主流方向。最典型的代表是"LOFT"式老工业建筑改造。在众多文化主导下的旧工业区更新实践中，鲁尔区、巴黎、伯明翰、纽卡斯尔、巴塞罗那、诺丁汉等地区或城市探索并形成几种典型的老工业区更新模式，主要为提升城市形象模式和发展创意产业模式，它们都是为了通过保存或修复老工业区包括工业建筑在内的文化环境，吸引产业资本（如服务业、创意产业）进入，实现老工业区的复兴。另一方面，在老工业区更新过程中，政府角色从20世纪60年代以前的完全主导、60至80年代的开发权转让到90年代以来的注重协调、引导和促进作用转变，居民开始成为政府、开发商之外的利益制衡第三极。政府、开发商、居民的多方参与使老工业区更新运作模式从"自上而下"拓展到"自上而下"和"自下而上"有机结合的新机制，多元利益主体的相互制衡中有效保证了多维更新目标实现的可能性。

因此，在可持续思想的指导下，老工业区更新的理念、目标和方式上取得了较多共识，实现了从地产导向到文化导向的转变，但在老工业区更新规划的内容体系、部门协作、公众参与等方面仍存在许多问题有待深入探讨和解决。

专栏2-1 文化艺术区的兴起

SOHO区位于曼哈顿西南端，是随着纽约步入工业化时代而兴起的一个工业区。20世纪40年代，随着经济的高速发展，金融业取代了传统的制造业成为纽约市经济的支柱产业，大量的轻工业公司的关闭把建造于19世纪中期到末期的仓库建筑留在了这里。欧洲社会的动荡与战争使得许多艺术家移居纽约SOHO区，演绎了二十世纪下半叶著名的都市居住生活方式——LOFT生活，使城市中的旧工业区发展形成了文化艺术区。LOFT的影响遍及全球，世界各地随后形成了很多这样的地区，如柏林奥古斯特大街、伦敦的East-End、上海苏州河地区、北京大山子地区等。

▶▶ **2.2.4 以多元利益主体合作为核心的探索阶段（2000年以来）**

进入新世纪以后，旧工业区更新不再仅仅是一种规划技术手段，更加强调向多元利益主体合作的"社区导向"转变。具体表现为以社区规划为主导形式，在政府机构、开发商和社区组织（居民）之间培育形成一种基于博弈规划的新的合作关系，强调通过协商谈判的方式，实现旧工业区的社会、经济综合复兴。当前美国多数城市旧工业区更新规划，首先由当地社区居民主动提出更新需求，而后规划局负责提供技术、财政支持，帮助社区居民制定、实施其自身编制的更新规划。"社区导向"下的旧工业区更新使得更新规划的过程成为不同利益主体协商的过程，不仅能有针对性地解决居民实际关心的问题，还能在实施中得到公众支持，提高更新规划的可实施性。

2.3 我国老工业区更新实践历程

从发展阶段来看，我国老工业区更新具体分为以下三个阶段：

▶▶ 2.3.1 起步阶段（1949—1985年）：以厂房改造为主，小规模无序更新阶段

建国初期，我国地区间经济发展极不平衡，全国70%以上的工业集中在东部沿海地区，随着"一五"计划出台，依托苏联援建的156项重点工程，开启了我国工业化进程。从土地政策来看，我国长期对工业用地实行批租政策，企业无需承担土地使用成本，"多占少用、占了不用"现象突出，导致城市中工业用地所占比例远远高于其他用途土地，布局很不合理。这一阶段由于政府财政能力和更新意识有限，我国老工业区基本没有更新改造，部分城市采取"充分利用，逐步改造"策略，局部、小规模地进行危旧厂房改造，完善一些必要的基础设施和市政配套设施，以满足企业生产和职工生活的基本需求。

改革开放后，我国城市建设开始从重生产向生产生活并重转变，主要采取"填空补实、见缝插针"的小规模渐进更新方式，最常见的是"拆一建多"，将工业区改造成多层盒型住宅区，力求以最少的资金投入来解决最多人的住房问题。由于经济基础薄弱、规划观念落后等因素限制，我国许多城市实际处于无规划状态，工业区更新呈混乱无序状态，工业用地与居住用地、商业用地、公共服务设施用地混杂交错、交

又分布，相互包围、相互影响。

▶▶ 2.3.2 快速发展阶段（1986—2008年）：以地产开发为主导，基本采取大规模推倒重建

我国老工业区更新的快速发展，始于1986年的土地利用制度改革。一方面，1986年出台了《中华人民共和国土地管理法》，对土地使用权的依法转让和土地有偿使用做了明确规定，标志着我国工业用地从无偿、无限期、无流动配置的土地划拨制度向市场条件下有偿使用制度转变。另一方面，工业化和城镇化的快速发展使得我国城市形成了以第二产业为主体的"二、三、一"型产业结构，在城市中心区实施"优二兴三""退二进三""出城入园"等各种政策优惠成为我国城市传统制造业向外迁移的主要动力，有力地推动了我国老工业区更新进程。

这一阶段，市场主导下的地产开发成为更新改造的主导模式，与西方国家20世纪60至80年代以经济增长为目标的老工业区更新相似，政府与开发商积极合作，推动老工业区产业升级或功能置换。从更新方式来看，基本采取"大拆大建、推倒重来"，对工业企业采取"转、改、停"措施，将工业用地置换为创意产业用地、居住用地、公共设施用地等，尤其以置换为居住用地最为普遍。以地产开发为主导的老工业区更新对改善城市空间结构、缓解住房短缺、增强政府财政实力起了巨大作用，但也带来了大量负面效应，如城市中心开发过度、工业遗产遭到破坏、城市特色缺失、更新方式单一、利益分配不均等。

▶▶ 2.3.3 提升阶段（2009年至今）：更加强调多方参与和共同治理

当前我国城市发展正处于转型期，城市化、工业化和信息化发展迅速，更加重视公共利益的实现，以政府、企业和市民为代表的多元利益主体博弈格局基本形成，城市空间也从"增量扩张"向"存量更新"过渡。在传统"增量扩张"背景下发展建立起来的以"总体规划控制性详细规划"为核心的"技术理性"规划编制方法，已无法解决老工业区更新中牵涉的复杂社会、经济、空间问题。北京、上海、广州、深圳、重庆、哈尔滨等大城市率先在总体规划中纳入城市更新的控制与引导内

容，对老工业区更新规划编制进行了更加深入的探索，对于改革和创新老工业区更新编制内容和编制方法具有重要意义。

2009年，为贯彻落实《国务院关于促进节约集约用地的通知》与《国土资源部广东省人民政府共同建设节约集约用地试点示范省合作协议》，广东省政府提出了全力推进"三旧"改造的宏大战略，并选择广州、东莞、佛山以及深圳作为试点城市，对老工业区更新的政策支撑、更新机制、更新模式、更新主体及规划体系作了深入的研究，标志着我国老工业区更新从以往单纯的技术手段转变成以公共政策为引导，强调关注老工业区社会、经济、文化等整体更新，并关注相关主体的各自利益。

总体来看，老工业区更新改造是工业化进程中功能嬗变、产业迭代的普遍性问题，也是世界性难题，由于特殊的国情和体制原因，我国老工业区面临的问题更复杂，调整改造任务更加繁重。经过多年更新改造，成效是显著的，但总体上看仍是阶段性的，还不稳固、不平衡、不全面，制约老工业区振兴发展的深层次体制性、机制性、结构性矛盾仍未根本消除，从新时代经济高质量发展的要求看，还有不少值得高度重视的问题。应统筹支持全国各地老工业区振兴发展，注重在产业、城市、社会、生态、文化、体制六大方面的转型升级，加快摆脱资源依赖型传统发展路径，积极探索各具特色的转型发展道路。深刻认识到老工业区振兴的长期性、艰巨性和复杂性，做好长期奋斗的准备，努力实现老工业区的全面振兴。

参考文献

[1] 周陶洪.旧工业区城市更新策略研究[D].北京：清华大学，2005.

[2] 朱宽樊.深圳市旧工业区发展单元更新规划研究[D].兰州：兰州大学，2014.

[3] 孙榕.2019东北亚经济论坛探索全面振兴东北新思路[J].中国金融家，2019（9）.

困局与探索

　　面对时代的变革，部分老工业区在时代洪流的冲刷下，由
"山峰"跌落至"低谷"，也促使其拉开更新改造的大幕。但老
工业区更新改造是一个非常复杂的系统工程，实施更新改造困
难重重。城市作为一个有机生命体，老工业区是其中的一处巨
大存量空间资源，其区位优势突出，历史记忆和文化深厚，具
有较高的经济和文化价值。同时，在当前我国城市集约发展的
时代背景下，老工业区成为释放城市资源潜能的重要阵地，更
新改造势在必行。围绕推动老工业区更新改造，许多国家进行
了一系列的探索，从理念到实践取得了一系列的突破，也为后
续的老工业区转型提供了有益借鉴。

第3章

老工业区困局

老工业区一般以重工业为主，在过去几十年制造业飞速发展的时期，曾经为经济发展作出了杰出贡献，也创造了辉煌历史。但随着时代的变革，经济与社会发展的重心已逐步调整，可老工业区传统发展模式的"惯性"极大，还很难从重工业发展的逻辑里面扭转过来，转型升级面临巨大阻力。德国的鲁尔区、美国的锈带城市群、中国的东北地区等，这些曾经煊赫一时的老工业制造基地，曾经是各自国家的"工业心脏"，由于产业的衰落和人口的流失，失去了往日的荣光，走上了自救的道路。

老工业区更新是一项复杂的系统工程，这类项目不同于我们身边常接触的老旧小区改造，它有自身鲜明的特点，投资体量更大、规划定位的要求更高、操作过程更为复杂，因此在实际操作过程中会面临更多的难题。

▶ 3.1 企业统筹协调难

老工业区更新改造的主体一般由原企业主体进行自主改造，但因大部分涉及功能调整，需要从城市发展全局层面进行重新定位，要融入周边区域，并形成协同联动发展态势，这就超出了原有企业主体的能力范畴，企业主体在转型换挡中倍感吃力。

老工业区更新改造对企业主体提出更高要求。大型老工业区更新项目要求更新主体能够在对接上位政策、重整空间资源、调整产业结构等多种角色间转换，与城市增量发展对建设开发角色的要求有很大不同，对企业主体的要求更高。例如，在更新过程中，部分企业虽握有政府优惠政策，但是本身缺乏新产业运作经验，也缺乏与不同类型的专业化市场主体合作经验，自我改造和资源整合能力不足。

原企业主体开展周边系统性改造、协同治理的能力不足。老工业区改造会引入大量城市功能，都超出了原有企业的经验范畴，企业主体缺乏城市建设的经验。例如，大部分老工业区内部交通体系及对外交通循环体系待优化，同时，多数厂区在商业服务、文化体育、公园绿地等方面的现状配套不足，难以满足产业生态体系构建的需求，这需要外部专业机构参与，在此过程中，操盘团队的运作能力起到了关键作用。

▶ 3.2 产业转型升级难

产业转型升级，即产业结构高级化，其内涵是从低附加值转向高附加值升级，从高能耗高污染转向低能耗低污染升级，从粗放型转向集约型升级，包括了技术升级、管理模式升级、企业结构调整、产业质量与生产效率的提升等。

纵观全国120个老工业城市转型发展实践，其产业转型的方向和特点大体可以分为三类：第一类是东部地区及一、二线省会城市老工业区，其产业转型的关键是在城市功能分区中选准定位，充分利用区位及科教人才优势，加快调整改造步伐，跟上城市高质量发展步伐；第二类是东北地区的城区老工业区，如沈阳市的铁西区、吉林市的哈古湾区、哈尔滨市的香坊老工业区等。这些老工业区产业转型有国家政策的大力支持，如2014年8月出台的《关于近期支持东北振兴若干重大政策举措的意见》，同时国家也有专项的资金支持，就是要依靠政策支持，加快体制机制创新，增强发展活力动力，尽快进入良性发展轨道；第三类是中西部地区地级市和三、四线省会城市的老工业区，如河南洛阳市、湖南株洲市、贵州贵阳市等老工业区，这类老工业城市大多因工业而兴，也因工业而困，正处在转型发展的关键时期，就是要把转变发展方式放在更加突出的位置，逐步培育成为省域经济发展的重要增长极。

大部分老工业区产业赛道转换需要"以时间换空间",面临着培育新产业时间长、目标多元的难题。老工业区的资源和资产,需要合理变现,既要承载原有的产业的升级,巩固和发挥已有优势,又要培育新兴产业,形成新的产业支柱,既要合理解决产业升级又要考虑后续发展,本身就有很大难度。老工业区的替代产业植入,很多属于无中生有、零基础起步,比如北京798艺术区由原来的电子工业转型为艺术聚落,原来的工业要转换为文化产业,其中所需要的思维方式、资源要素、产业生态、人才团队、运营管理模式等大相径庭,甚至截然不同。

中西部地区老工业区产业转型缺少全国性或国际性重大活动筹建、承办工作的牵引和契机。国家推动的城区老工业区改造依赖性较强,对于缺少政策支持、又缺乏重大活动赛事带动的区域来说,地方政府和企业主体自主开展产业转型升级的动力不强。有研究表明,重大活动能够在短期内吸引大规模的资本和项目进入,为城市空间重构带来重大机遇。

东北老工业区转型已有一定成效,但与中西部城市群的差距仍不断拉大。国家全方位支持东北老工业区发展,自2003年中共中央、国务院正式印发《关于实施东北地区等老工业基地振兴战略的若干意见》至今已有20多年的时间,这期间党中央高度重视东北的发展,出台系列优惠支持政策,粗略估算20多年间东北三省获取的中央净转移支付在6万亿～7万亿元,但是老工业区转型效果仍未达预期,这从东北人口外流的现象中可以得到印证。以上汽和长春一汽对比来看,上汽的供应链90%依靠周边民企和外企,而长春一汽就属于大而全的公司了,几乎拥有全供应链分公司,经营模式和思维大不相同。

▶ 3.3 工业遗产利用难

工业遗产是文化遗产的重要组成部分,是城市近现代化进程中的特殊遗存,记载了城市的发展和生活的记忆。当前全球工业遗产再利用方式主要包括推倒重建、静态保护和部分保留三种方式,但受到工业遗产本身特性的影响,如何做好工业遗产的持续运作、充分实现其经济社会价值、让沉睡的传统优势产业重新焕发活力仍然面临挑战。

我国工业遗产保护利用起步较晚。进入21世纪，我国工业遗产保护研究才刚刚拉开帷幕。2006年，国家文物局举办"无锡论坛"，发表了《无锡建议——注重经济高速发展时期的工业遗产保护》，初步拟定工业遗产的保护方法。2010年，又发布了《武汉建议》和《北京倡议》，再次掀起了我国工业遗产保护的热潮。2016年12月发布的《国家"十三五"文化遗产保护与公共文化服务科技创新规划》强调，要加强历史文化名城、工业遗产等保护，聚焦文化遗产的价值认知、保护修复、传承利用和公共文化服务工作。2017年，全国旅游资源规划开发质量评定委员会发布《关于推出10个国家工业遗产旅游基地的公告》，在城市产业结构调整大背景下，正式开启了工业遗产再生时代。2018年1月中国工业遗产保护名录（第一批）面世，收录了创建于洋务运动时期的官办企业，还有新中国成立后的"156项"重点项目等具有代表性、突出价值的工业遗产。

我国工业遗产保护利用的管理体制和法律法规还不够完善。近年来，国家发展改革委先后联合其他部门印发了《推动老工业城市工业遗产保护利用实施方案》《推进工业文化发展实施方案（2021—2025年）》等，从国家层面推进老工业区工业遗产保护利用。2018年我国颁布的《国家工业遗产管理暂行办法》明确规定了工业遗产的认定程序、保护管理、利用发展和监督管理等。但目前我国还未形成关于工业遗产价值判断的相对统一的标准，工业遗产项目的分级分类在实际操作过程中缺乏明确的技术标准，项目改造时整体保留比例、新增面积范围等，还没有可以指导实践的操作规范。工业设施的功能更新、规模调整、改扩建、安全消防等面临一系列审批要求，但很多老工业区工业遗存历史久远，建筑物大多没有审批手续和房产证，构筑物在结构鉴定、加固标准、消防等方面缺少再利用标准。工业遗产保护立法尚不完善，所以部分工业遗产保护项目，有较大局限性、趋利性和随意性。

新时期对工业遗产保护利用提出了更高要求。工业遗产全生命周期绿色改造尚未实现。党的二十大报告提出，要实施城市更新行动。老工业区更新利用成为城市更新重要组成部分。尽管现阶段改造过程中已注重了采用节能环保建筑材料、增加绿化面积等措施，但仍缺少针对工业遗产绿色改造的全生命周期研究，对工业遗产利用的指导性不足。目前工业遗产的绿色建筑转型改造还十分有限，工业遗产的更新利用研究和绿色建筑研究分立，绿色建筑多研究新建筑。工业遗产特色功能定位、联动保护开发尚处于起步阶段。工业遗产体量大，与城市空间融合面临难题。老工业区的工业遗产一般会涉及锈迹斑斑的高炉、焦炉、冷却塔、烟囱，纵横驰骋的管廊、传送带、铁路，那些充满沧桑、冷酷氛围的工业景观，以及那些上百米长的厂房宛若"庞然大物"，都与我们所熟悉的城市环境反差巨大，如何进行差异化改造，使其为城市创造新生活、增添新活力、与城市空间高度融合，是很大难题。

▶ 3.4 资金供给平衡难

资金能否平衡，从项目根源来追溯，核心在于两个关键问题，即"钱从哪出，花出去多少"和"钱从哪儿来，收回来多少"，资金平衡要求资金的来源和支出，至少要达到平衡可持续的状态。而对于老工业区来说，如何有效地获取资金，如何有效保障项目收益与融资平衡，是推进老工业区更新的关键，也是难题。

老工业区搬迁改造会涉及大量资金的投入。城区老工业区更新一般会涉及老厂改造和新厂建设的较高成本、新产业发展培育资金、市政工程、民生保障、环境治理等，往往需要投入巨量资金，企业及地方政府资金压力巨大。以徐州市鼓楼区老工业区搬迁改造项目为例，共涉及415个项目，投资高达1611.55亿元。株洲市因老工业区企业关停搬迁，直接经济损失达300多亿元，职工安置资金超过150亿元，土地收储、整理以及相应配套设施改建需要160亿元以上，"一增一减"两个300亿元的差额。

政府主导的老工业区更新交易成本较高，加重了政府的财政负担。受限于相关法律对于租赁期内企业土地使用权的保障，地方政府在清退低效工业用地的过程中缺乏必要的法律手段与倒逼机制，进而增加了对低效工业用地的收储成本。面对不断升值的土地价值，原有企业即使经营不善导致土地闲置也不愿退出土地，在与政府的博弈中争取自身利益最大化。例如，有些园区工业用地回购费用为同时期、同地段的工业用地出让价格的数倍之多，工业用地二次收储与出让的价格严重倒挂增加了政府的财政压力和交易成本，进而影响更新进程。

老工业区更新缺乏资金支持，融资难。老工业区资金筹措渠道主要是企业自有资金、各级财政资金、土地出让金、金融机构贷款融资、招商引资等。在政府过"紧日子"、财政支出削减的背景下，政府和企业难以稳定持续地注入资金。老工业区改造作为城市更新项目的类型之一，并没有形成单独的融资模式，且城区老工业区搬迁改造资金融通规模巨大，在遇到征信系统不发达、金融体系不健全、法律保障不完善等情况下，极有可能导致融资链条断裂。社会资本也会因资金回收期长、盈利预期不明确、退出补偿机制不完善等因素，缺乏参与改造的积极性。

老工业区更新后运营效益不佳，平衡建设成本难。老工业区更新改造虽然避免了土地拆迁费用开支，但遗留物修旧如新、修旧如旧的改造装修以及前期规划、设计费用投入较大，而改造后多数属可租不可售的支持型项目，投资回报周期长。受自持资产、国有企业性质、厂区综合运营服务能力不足等多种因素影响，老工业区更新改造后，高端产业引入难，很多属于以收取租金为主的"瓦片经济"，这种单一的运营收益，造成更新改造资金回收慢，很多老旧厂房更新改造后出现亏损和负债经营的问题，偏离了提升核心竞争力和可持续发展能力的初衷。目前散点升级改造的老工业区，在自主更新改造过程中，大多以租金收入为主要收益来源；并且多数老工业区编制的综合实施方案，收益测算仍以租金收入为主。

▶ 3.5 人力资源安置难

人力资源是区域发展最重要的生产要素和财富，是获得竞争优势的重要资源。区域更新改造必然带来人员的更新和重构，在充分考虑企业和政府承受能力的同时，如何保障好现有老工业区人员的切身利益，维护好社会稳定，就成了一大难题。

"铁饭碗"的理念根深蒂固，人员难安置。老工业区大多为国有企业，而国企员工往往有一种"稳定保障"的安全感以及"肩负国家建设"的荣誉感，当老工业区退出历史舞台时，员工相当于丢掉了"铁饭碗"，由此催生的"危机感"会给企业安置、地方稳定带来一定的风险。一方面，员工安置费用高，通常采取买断工龄和留守两种方式来进行人员安置。买断工龄需要参照员工在企业的工作年限、工资水平、工作岗位等条件，结合企业的实际情况，经企业与员工双方协商，由企业一次性支付给员工一定数额的货币，从而解除企业和富余员工之间的劳动关系，把员工推向社会。而留守安置可以简单理解为继续上班，原来企业中的职工成为新企业的正式工人，重新签订劳动合同，享受企业工龄和社会保险保障。但由于是将"铁饭碗"变成劳动合同，打破了职工对企业的依赖，解除了国有企业对职工承担的"无限责任"，通常会给予一定的经济补偿。另一方面，会造成社会保障压力激增。下岗职工在离开企业之前，必须要解决好其自身的各项社会福利保障，失业保险、就业促进、养老保险、劳动关系是下岗员工关注的重点。员工被买断工龄后，丢掉了"铁饭碗"，失业率上升，可能引发一系列社会问题，社会保障压力激增。

员工工作时间长，再就业能力较弱。老工业区的另一大特点就是长工龄的人员占大多数，很多工人从参加工作就到厂里上班，经历了自己结婚生子、成家立业等人生各个重要阶段，长时间从事一种工作，导致工人技术水平、接受能力等都会存在短板，再就业能力弱。一方面，工人主观再就业意识差。老工业区长期处于"大国企，小社会"的管理模式，按照"先生产、后生活"的发展方式，均配有生活区、食堂、医院、学校、幼儿园等配套福利设施，工人长期处于一个小社会的意识形态中生活，从心理上短时间内无法接受转岗失业的状况。大多数分流人员对待转岗待业的态度是冷处理，观望态度较多，工作暂时不着急，这也给政府促进再就业带来了一定的压力。另一方面，区域吸收再就业人口能力差。老工业区在进行更新转型时，新旧产业交替阶段，青黄不接，难以迅速形成替代性产业，能够吸收大量就业人口的第三产业又不发达，造成下岗人员的再就业十分困难。同时，老工业区所在地政府往往财力不足，难以为失业人口提供有效的再就业培训。

▶ 3.6 人居环境建设难

人居环境是人类工作劳动、生活居住、休息游乐和社会交往的空间场所。老工业区的更新是由单一的工业生产为主的区域，更新为符合现代社会需要的区域，使所在区域的生活更加方便、环境更加宜人。但由于老工业区长期围绕单一工业生产功能进行建设，对生态环境的保护、宜居宜业的布局缺乏统筹考虑，存在环境污染严重、功能布局不合理等问题，给人居环境建设带来诸多难题。

最先暴露在大众视野的就是生态环境治理难题。老工业区通常面临着较为严重的空气污染、水污染和固定废弃物污染，对空气、水资源、土壤产生不可逆的影响。以株洲清水塘老工业区为例，工业区15平方公里内聚集了261家以重冶炼、重化工企业，是城区最大的工业污染源。据相关调查，2012年清水塘老工业区排放的工业废气7000万万标立方米（占全市的62%）、工业废水4000万吨（占全市51%）、工业废渣200万吨（占全市的75%），造成"天空灰蒙蒙，地上满地尘、河变五彩河""天上无鸟，地上无树""整个城市'脸色'很难看，就像营养不良"。如何让水变清、天变蓝、地变绿对于大多数老工业区仍是巨大挑战。从水治理来看，老工业区的排污口通常会存在汇集饱含镉、铅、汞等重金属污染，在污水治理过程中，要开展排污口治理、面源治理、底泥处治、施工废水治理等，清水塘治理耗资高达2亿多元，这已经相当于修建高速公路的造价了。从土壤修复来看，我国土壤修复相对于水治理起步晚，程序相对复杂，且土壤污染是慢性病，治理难度高、花费大，积累在污染土壤中的污染物很难通过稀释作用和净化作用消除。老工业区还面临着植被破坏、生态系统脆弱的问题，生态系统修复就更不是一朝一夕可以解决的问题了。生态环境是美好人居环境建设的基础，污染治理首当其冲，但是这个过程中如果没有国家和属地政府政策支持、企业的积极配合，对于大多数老工业区来说钱从哪来、时间成本引发的经济损失谁来承担就是最大难题。

功能布局不合理带来的生活不便难题。老工业区人居环境建设另一个主要难点是适应新的生产与生活的配套设施不足。在基础设施方面，老工业区水、电、气、热、交通等基础设施陈旧老化，跟不上发展需求，其经济的衰退也导致缺乏足够资金进行基础设施更新和改善。此外，老工业区在更新转型之后，其基础设施需要与区域新的发展功能相匹配，但以往围绕单一工业生产功能配套的基础设施往往无法达到要求，需要耗费大量资金进行改造或更换。在公共服务方面，老工业区普遍面临着教育、医疗卫生、文化、社会保障等社会公共服务不完善的问题。受经济衰退影响，供给公共服务的资金出现缺口，从而直接导致老工业区公共服务水平的下降。这不仅降低了居民的生活质量，也直接导致了老工业区发展环境和投资环境的恶化，继而诱发其他经济问题和社会问题。在文化、创意、商业等生活性服务业设施方面，由于基础设施与公共服务体系的不完善，老工业区在留人、引资等方面步履维艰。相应地，引进文化、创意、商业等生活性服务业也存在困难，高端化、精致化发展缺失，区域发展人气与活力不足，美好人居环境打造面临困境。

▶ 3.7 政策机制保障难

政策文件以产业方向引导类政策多，细化指导类政策较少。现有城市更新类政策多是对功能的引导，要求老工业区更新后要符合街区功能定位，但是在实际操作中，会出现既有建筑空间不适合替代产业的情况，而现有政策中根据老旧厂房本身空间资源情况进行更新，以达到契合新产业引入的标准的细化分类引导较少。老工业厂房建筑存在楼层高、进深大等特点，更新过程中会面临需要加层或隔断以增加建筑规模的情况，部分需要增加容积率，造成开展更新的实施主体难以规范利用，或者因考虑到种种实际困难而不敢轻易开展更新行动。北京城市更新条例提出在符合设计要求、保障建筑安全的基础上，可以合理利用厂房空间进行加层改造，此举打通了已实施项目在手续办理上的堵点，但老旧厂房内部加层改造的管理细则、面积认定标准及手续办理流程尚未出台。

老工业区更新过程中部门协同机制不健全。老工业区更新过程中涉及的政府部门很多，在实施过程中还存在一些管理交叉、管理缺位等情形，无形中增加了协调成本。例如，有些老工业区更新改造过程中，因搬迁涉及土地、资金、产业等方方面面，需要协调国土、规划、财政、发改、税务等20多个部门，特别是各部门出发点不同，不同部门间政策要求各不相同，存在政策执行偏差问题，但这些部门间并无行政隶属关系，也无行政强制力推动，因此推进老工业区搬迁过程中，部门间协调难度大。

参考文献

[1] 胡元明.老工业区搬迁改造的思考和建议[EB/OL].(2021.9.13)[2024-11-13]. https://wenku.baidu.com/view/5c2451febcd5b9f3f90f76c66137ee06eef94e6d.html.

[2] 仲丹丹，朱铁麟，徐苏斌.超大城市老工业区保护性更新主体协同机制研究[J].天津建设科技，2022，32(S1)：23-29.

[3] 市委政研室.把"工业锈带"变成"生活秀带"[N].淮北日报，2024-02-19(004).

[4] 陈康衡.历史教学要重视保护工业遗产的教育[J].历史教学(上半月刊)，2014(7)：69-72.

[5] 马令勇，姜静.工业遗产保护与再利用研究文献综述[J].山西建筑，2017，43(13)：241-243.

[6] 韩福文，王芳.工业遗产的体系结构及其基本属性：以东北地区工业遗产为例[J].沈阳师范大学学报(社会科学版)，2011，35(6)：16-19.

[7] 徐苏斌，青木信夫，张松，等.笔谈：变"锈"为"秀"，工业遗产保护和再利用新思路新发展[J].中国文化遗产，2022，(3)：4-18.

[8] 林硕.徐州市鼓楼老工业区搬迁过程中的问题研究[D].徐州：江苏师范大学，2021.

[9] 刘伟奇，闫昊，李义萌，等.江苏工业园区更新关键问题及应对策略[J].规划师，2023，39(11)：80-85.

[10] 王玲英，龙均云.老工业区改造项目投资收益研究[J].经济师，2019(10)：51+53.

[11] 陈永杰，李伟俊.城镇居民基本养老保险制度：模式与评价[J].社会保障研究，2011(1)：177-186.

[12] 玉智华.株洲清水塘传统老工业区"绿色转型"规划路径研究[D].广州：华南理工大学，2014.

第4章

国外探索

4.1 总述

国外老工业区衰退普遍发生在20世纪60—80年代，恰逢第三次产业革命在世界范围内广泛传播时期，引发全球各国大规模煤炭产业、钢铁业、纺织业等产业大面积衰退。衰退的主要诱因是世界能源结构变化，导致经济增长缓慢、失业率居高不下、资源日益枯竭、环境不断恶化等。英国的中部地区、德国的鲁尔、法国的洛林、美国的绣带等地都曾是世界上知名的老工业区。这些国家为了促进老工业区转型发展，首先对促进老工业区更新政策做了一系列改革探索，一些老工业区及时利用了第三次产业革命的成果，改造传统产业的同时，不断培育新兴产业，调整和变革产业技术体系，从而恢复了活力，走出了困境。

从政策机制保障来看，部分发达国家成立专门机构统筹协调老工业区更新改造工作，例如，德国有鲁尔煤管区开发协会、法国有工业转型与国土整治部等。大部分国家会制定规划，用科学的规划指导老工业区有序改造。一些国家也会颁布相关法律，从法律的角度界定政府工作行为准则，为市场调节提供外部保障，借助法律手段保障规划的顺利实施。同时，大部分国家持续完善社会保障体系，减轻转型带来的负面影响。从产业振兴角度来看，大部分国家都经历了从传统产业救助改造到多元产业化培育的过程，主要举措多为大力促进传统产业转型升级，扶持新兴产业、服务业和中小企业等。从实施主体角度来看，欧美国家基本都经历了从中央、地方政府为主，到政府、私人部门和地方团体通力合作的过程。为确保老工业区振兴，政府提供大量的财政补贴，利用政府资金的杠杆效应，带动社会资金投入。

▶▶ 4.1.1 政策法规：重塑初始条件

政府制定的政策法规是改变和重塑老工业区初始条件的重要因素。纵观国外老工业区振兴案例，不难发现，政府的财政税收政策、产业政策等在推动多米诺第一块骨牌上发挥着重要的作用。国外注重通过立法对决策实施予以约束和保障，例如，以《下塔吉尔宪章》为代表的国际公约文件通过定义"工业遗产"，并逐渐规范其研究内容及范围，引发社会各界广泛关注，让世界认识到老工业区的价值。20世纪六七十年代，历经长时间的发展完善，欧美等发达国家逐步进入后工业时代，工业遗存保护与更新也已渐臻佳境，通过实践完善和理论研究，科学制定上位政策推动实践发展，工业遗存更新就是在这样的进程中不断演进。而在这一进程中，法律政策充当着非常重要的角色（表4-1）。

工业遗产保护的主要国际公约 表4-1

文件名称	年份	颁布组织	主要内容	备注
《雅典宪章》	1933年	国际现代建筑协会CIAM	避免古迹区交通拥挤、改善附近居住环境	开始注意对古建筑（包括工遗）的保护
《威尼斯宪章》	1964年	从事历史文物建筑工作的建筑师和技术员国际会议第二次会议	对文物建筑地段环境、修复原则、使用现代技术保护方式作出规定	提出工业遗产在内的古迹历史环境的保护
《世界遗产公约》	1972年	联合国教科文组织UNESCO	对古迹遗产进行鉴别、保护和干预，是工业遗产保护的纲领性文件	世界范围内进行宣传，对工业遗产进行统计
《马丘比丘宪章》	1977年	国际建筑师协会UIA	建议产业遗产保护应将保护与发展相结合，赋予旧建筑以新的生命力	扩充包括工业遗产等优秀建筑的文物内容
《佛罗伦萨宪章》	1981年	国际古迹遗址理事会ICOMOS	强调产业遗产维护、保护、修复、重建的法律及行政措施	为工业遗产保护法律及行政措施提供依据
《华盛顿宪章》	1987年	国际古迹遗址理事会ICOMOS	为《威尼斯宪章》的补充，总结了几十年关于历史城市和城区保护规划的研究成果和实践经验	为文化遗产领域积极贡献了一份城市保护文件
《下塔吉尔宪章》	2003年	国际工业遗产保护委员会TICCIH	提出涉及工业保护的一系列原则、规范和方法的指导性意见	是迄今为止工业遗产保护领域最为重要的国际宪章

续表

文件名称	年份	颁布组织	主要内容	备注
《西安宣言》	2005年	国际古迹遗址理事会 ICOMOS	保护亚洲历史建筑、历史遗址以及历史文物周围的环境	针对亚洲颁布的国际文件
《都柏林准则》	2011年	国际古迹遗址理事会与国际工业遗产保护委员会 ICOMOS&TICCIH	对环境和非物质文化等"无形"工业遗产进行价值说明	促进工业遗产作为世界人类文化遗产的一部分

▶ **发达国家老工业区政策的制定与实施特点**

基于区域本身能源安全、维护社会稳定、减少失业压力等因素考虑，政府会在产业政策、资金、技术等方面给予大力的支持与援助，优先借助政策扶持、技术改造等措施，改造传统产业，希望衰退产业恢复以往的活力。政府对城市老工业区实施政策主要体现为两个方面，首先，制定支持老工业区企业转型升级政策。老工业区在传统产业带动下已经形成相对成熟的产业链条及上下游企业，一部分企业已成长为当地支柱企业，但受传统工业衰退的影响，其技术水平和管理模式往往是相对落后的。政府会通过专项政策引导完成企业转型升级，以继续适应城市经济发展。其次，提供新兴产业引进和培育政策支持。一般来说，老工业区发展新兴产业的基础薄弱，引进新兴产业、发展都市经济需要经历从无到有的过程，而新兴产业在成长初期，核心技术能力和市场竞争力都尚处于薄弱阶段，这些都需要政府运用财税、金融等政策杠杆注入原动力，系统构建新兴产业链培育的孵化体系。

▶▶ 4.1.2 工业遗存利用：多模式转型

老工业区更新目的主要在于减缓和消除原有产业衰退，改善生态环境，促进文化传承，提升整体功能，增强经济活力，推动社会进步等。在长期生产生活过程中，老工业区形成了独特的结构体系和机能属性，具备生产、社会、文化等多重因素互融的功能。因此，老工业区的更新涉及产业、空间、生态、文化、公共服务等领域，包含工业用地布局结构调整、创新产业培育、劳动力就业、物质空间改造、生态环境修复、文脉传承、工业遗产保护再利用等方面。更新的实质是土地、产业、生态、文化等资源的利用,从粗放走向集约的转化过程,也是生产生活方式由粗放向集约转化的过程。不同国家在不同时期会结合当时社会发展背景和需要,提出相应的工业遗存发展模式,大量的工业遗产经过保护再利用,华丽转身为公园、博物馆、创意社区、艺术中心等,带动了地区的复兴和发展,成为城市新的活力增长点和时尚标。结合国际发展情况,可以将工业遗产保护与再利用的模式大概归为如下几类,详见表4-2。

主要发达国家不同时期工业遗存发展模式　　　　　　表4-2

国家	20世纪中期	20世纪60年代	20世纪70年代	20世纪80年代
英国	1.重点针对经济空间:重工业和高技术产业协同发展; 2.政府以新城开发推进老工业区空间修复	1.颁布内域发展计划; 2.重点发展居住、教育等社会公共服务项目	1.实施内城政策; 2.发展工业改善区、新兴企业区	1.综合功能开发,功能更趋多元化; 2.设立开发公司,实施主体更趋多元化
德国	1.重点针对物质空间:改造遗留废弃工矿、闲置废屋等; 2.政府考虑开始工业区更新	1.提出总体发展规划; 2.发展工业区融入城市区域	1.投资新型产业; 2.工业区综合化发展	1.经济发展与文化传承并进; 2.建设产业生态社区,更新措施多元化; 3.投资工业遗产旅游项目,市场化发展老工业区
法国	1.重点针对物质空间:控制工业集中化; 2.政府进行工业分散的政策实施	1.提出工业改组; 2.鼓励促进新型工业发展	1.改善生态居住环境; 2.城市外围兴建工业企业办公区; 3.吸引企业入驻	1.文化生态保护; 2.休闲多元化:原有工业区闲置城市公共绿地、居住区、文化区
美国	1.重点针对经济空间:制造业被金融业取代; 2.城市成为soho文化艺术区	1.注重居住生活; 2.城区开发成为主流	考虑将工业区更新与区域发展结合推进	1.服务多元化; 2.从制造业到服务业,开展生态保护与棕地治理
日本	重点针对物质空间:都市圈限制工业发展	重点以商业开发主导更新	1.用地功能置换; 2.创建新的城市中心	1.促进新聚集; 2.工业厂址的商业再开发

▶ 4.2 英国——曾经的"世界工厂"转型之路

在欧盟国家里,英国是实行区域援助政策的发源地,经济结构改革、资源型区域经济转型是英国实施老工业更新改造政策的主线。早期的区域政策主要目标是促进劳动力由萧条地区向繁荣地区转移。第二次世界大战后,英国正式制定和实施以"鼓励企业向萧条地区迁入"为核心的传统区域政策,重点解决采煤、造船、钢铁和纺织等传统工业集中的北部与西北部老工业区的失业问题,大力强调萧条地区的工业重建目标。从1967年起,英国政府开始投入巨额资金实施钢铁业的现代化改造,实施了一项投资30亿英镑进行现代化改造的10年计划。20世纪80年代中期,英国制定的区域政策主要侧重于创造就业机会,到20世纪90年代初,英国区域政策则是强调落后地区的自我发展,由注重吸引外来企业转向鼓励当地企业的壮大,转向帮助小企业和鼓励企业采用新技术发展。

▶▶ 4.2.1 措施及经验

▶ 1. 产业结构的转变

产业结构的变化导致英国的劳动力不断发生转移,英国传统产业在区域上较为集中,不同地区失业率差异十分明显,促进地区间就业机会平衡一直是英国老工业区区域政策的首要目标,英国通过国内、国外两方面政策促进传统工业区就业率提升。国内政策主要表现为三个阶段,第一阶段是在20世纪20年代初到20年代末,英国在20世纪20年代初期成立了"工业转移委员会",制定了"特别地区法",通过政府资助政策,促进劳动力由衰退地区向繁荣地区转移,解决了一部分就业难问题,但并未从根本上解决老工业集聚区失业问题。第二阶段是制定传统区域政策,二战结束后加强了新区管理,实施"工业发展许可证"制度,一定程度上控制大型工厂在繁荣地区建设,鼓励新型工业企业在传统工业区选址。通过运用政府财政和金融政策帮助老工业区发展,鼓励企业到老工业区投资建设,创造更多就业机会,促进落后地区和衰落的传统的工业区经济增长。第三阶段是针对传统区域进行政策调整，英国政府强调增加区域选择性资助，对传统工业区的投资者实施有选择性资助政策，调整区域发展补贴政策，并鼓励地方政府制定区域中长期发展规划。英国对传统工业区采取的国外政策主要来自欧盟区域政策补贴，欧盟于1975年设立"欧洲区域发展基金"，由于英国是欧盟区域政策的积极倡导者，因此英国成为该基金最大受益国之一，得到了欧盟区域政策基金资助，降低了传统工业区改造方面支出费用。

2. 制定保护条例

1945年，英国通过制定《工业分布法》引导对衰退地区、开发地区等需要支援的地区予以政策倾斜，不断提高衰退地区就业率，控制伦敦等大城市过度发展，引导工业企业由伦敦及英格兰中部迁往各个老工业区。此后，英国还颁布了"田园城市法"（1947年），"开发地区的指定"（1958年）、"办公及工厂建设限制法"（1965年），"选择雇佣法"（1966年）等，其政策制定目的都包含促进老工业区发展（表4-3）。

英国工业遗产保护条例　　　　　　　　　　表4-3

年份	名称	主要内容	备注
1882年	古迹保护法	对历史文物遗迹进行有效保护，具有代表性和重大历史价值的工业建筑也在古迹范围内	英国历史上第一个古迹保护法律
1953年	古建筑及古迹法	明确规定了要对突出性的历史建筑给予修理和维护资金方面的补助	为授权国家机关对工业遗产保护的工作提供法律依据
1979年	古迹及考古地区法案	法案明确了5个考古区域，要求对登记古迹（大约2万处）作任何变动时，其所有者都要先提交申请，获得许可才能够实施	深化工业建筑遗产的普查、登记、管理方式方法
1983年	国家遗产法	首次在发展中提出了"遗产"概念，历史古迹、历史建筑、保护区、皇家园林与各类博物馆等更广泛的对象纳入了遗产范畴，实施保护	该法在1997年、2002年经过2次修订

3. 制定鼓励与限制措施相结合的政策体系

英国传统区域政策实施措施主要是通过法律、行政与经济等手段，利用工业许可证等区位控制措施对企业选址进行干预，引导企业向老工业区（高失业区）迁移。在实施鼓励政策过程中，主要措施是为有关地区企业提供非金融性帮助，例如，第一种形式是为投资厂商提供关于从出口程序、市场研究与规划、回收货款等每一阶段提供实务咨询；第二种形式是为企业在创新研究、技术开发与转让、管理创新等方面提供帮助和咨询；第三种形式是为企业提供关于环境和欧盟企业经营规则方面的咨询服务。

4. 支持实施区域政策计划

英国传统区域缺乏长远规划政策实施，尤其是缺少中长期区域规划。20世纪90年代初，国家政府部门积极鼓励地方政府制定区域中长期发展规划，将本国政府和欧盟所给予的区域资助纳入地区长远经济发展目标之下。同时，区域政策制定和实施主体由单一层次向多层次转变。传统的区域政策完全由中央政府控制，英国于20世纪20年代末进行区域政策调整，注重发挥地方基层组织在帮助振兴萧条地区中的作用，强调区域政策由中央政府和地方政府共同制定，并由两级政府分级负责实施，同时要遵循欧盟的区域政策，实行三方政策共同推进。

4.2.2 案例介绍

1. 英国铁桥峡谷——文化保护

英国作为第一次工业革命发源地，开创了大机器生产逐步取代手工业的时代，而当时的铁桥峡谷被视为英国工业革命的摇篮，是18世纪英国工业革命的象征，这里曾汇聚了当时世界上最先进的铸铁技术与冶炼工艺。铁桥峡谷的灵魂是铁桥，这座桥建于1779年，桥梁坐落于中英格兰西部的什罗普郡塞文河畔，通身用铁浇铸，跨度一百英尺，高52英尺，宽18英尺，全部用铁浇铸，重340吨，是世界上第一座由钢铁建成的桥梁。除了铁桥外，峡谷中还集合了采矿区、铸造厂、工厂、车间和仓库等设施，分布着由巷道、轨道、运河和铁路交互编织的传统工业运输网络，这个地区的经济中心从原来的煤溪谷转移到铁桥周边，成为集铁路、水路与公路为一体的贸易中心，形成了远近闻名的铁桥峡谷。在工业衰退初期，铁桥峡谷很多核心工业遗产均被地方政府列入"待拆清单"，二次世界大战后，这里的工厂几乎全部倒闭。

铁桥峡谷转型发展的主方向是发展工业旅游业，主要措施有保护原有工业建筑和设施，恢复遭受破坏的生态环境，建造主题博物馆等。其自然环境已经得到全面恢复，青山绿水掩着古老的工业建筑，对游客来讲别有一番情趣。如今的铁桥峡谷已改造成一个风景秀丽的观光区，拥有10座不同主题的博物馆。博物馆下属的布里茨山维多利亚风情小镇里，19世纪末期风格的商店、作坊、街道，受到拍摄者们的喜爱和推崇。铁桥峡谷博物馆下属的瓷器博物馆、瓷砖博古馆、钢铁博物馆等，都有自己的作坊和车间，不仅向观众展示工业革命时期的制作工艺，而且还把产品拿出来销售。如今，这个风光带每年可以给周边地区带来两千万英镑的收益。

铁桥峡谷是首个被划归世界文化遗产的工业遗产。它不仅汇集了以采矿区、铸造厂、工厂和仓库为主的生产区，还紧密排布着由巷道、轨道、运河和铁路等交织构成的运输网络，体现了18世纪推动矿业和铁路工业区发展的所有要素，即便将其称之为工业革命的象征也不为过。英国铁桥峡谷被收录为世界文化遗产，这标志着工业遗存开始在人类文明的认知层面得到重视和保护，工业遗存更新也由此开启了新篇章。它所走出的独特的私人信托支持下的系列博物馆微利用+工业遗址公园的静态保护模式，展现了社会发展过程中文明认识的多元化视角对工业建筑的投射（图4-1）。

2. 布莱纳文工业景观园——静态保护

布莱纳文镇始建于1787年，位于威尔士南部，是英国19世纪重要的钢铁和煤炭产地。20世纪30年代，随着石油能源取代煤炭能源，煤炭行业整体萧条，工厂的生产与竞争能力日渐衰退，使小镇逐渐走向没落。2000年，该遗址成为英国第一个被联合国教科文组织认可的文化景观和第二个入选世界遗产名录的工业遗产，成为供后人参观回味的"钢铁工厂博物馆"。

布莱纳文历经近两个世纪的辉煌，最繁荣时期拥有雇佣矿工达25万人，随着就业岗位减少，该镇的居民不断外流，从1960年小镇工厂开始逐渐衰落，最终在1980年全面停产。英国地方政府于1984年将镇边矿场改造成矿业博物馆，并以矿业博物馆为基础将镇区逐渐发展为30平方

图 4-1 英国铁桥峡谷

（来源：视觉中国）

公里的工业文化主题旅游目的地，保留住了这份难得的工业遗产，改变了城市持续衰败的局面，主要通过采取风貌保护利用、文化再生赋能、旅游产品打造等措施，使小镇重新焕发了生机和活力，成为英国乃至世界知名工业旅游目的地。布莱纳文工业遗址规划注重整体环境的保护和历史风貌的还原，以适度修复为主，并没有大规模的重建，尽可能地保存或恢复原状；以展览展示为主要手段，运用博物馆、展览厅作为主要载体形式，不断营造工业遗产历史感和真实感，激发参观游览群众的历史认知感、社会感和文化认同感。强调动态开放保护，坚持不破坏遗址景观的原则，对工业区内历史建筑和开放空间进行修缮，赋予教育、休闲等现代化功能，并加强对公众的开放度，在保护古迹的真实性和完整性的同时又满足了现代旅游需求。以工业历史文化为主线，融入艺术、科技、创意等元素，策划设计了一系列丰富多彩的文化旅游产品，提高游客的参与性、互动性与文化感知力。结合遗址本身特色，开发运河游线、小镇游线、自行车骑行、骑马游线等多种特色路线，带领游客深度游览小镇风光。策划不同主题沉浸式体验互动产品，游客可以参加矿井地下游、工业主题步道、铁山步道等多种特色线路，增强互动体验，了解工业区历史文脉。增添国家公园、自然保护区和观鸟活动等研学路线，让游客与自然亲密接触的同时科普生态知识。定期举办节事活动，在不断宣传工业区发展的同时让游客充分体验当地文化，主要活动包括威尔士传统舞蹈节、家庭历史探秘、世界遗产日、周年纪念等。

布莱纳文工业遗址既保留了特色鲜明的历史工业构筑物，又保留了历史进程中工业区的生产工艺和生活记忆，为游览者提供了良好的互动条件，证明了体验式博物馆微利用与工业遗址公园的静态保护是一种行之有效的组合方式（图4-2）。

图4-2 布莱纳文工业景观园

（来源：视觉中国）

▶ 3. 伦敦巴特西发电站——片区综合改造

伦敦巴特西发电站位于泰晤士河南岸的巴特西区，建于20世纪30年代，包括两座独立的燃煤火电站，分别建于20世纪30年代和50年代，一度为全伦敦提供了五分之一的电力，曾在二十世纪中期很长一段时间里为与其隔岸相望的国会大楼和白金汉宫供电。这里曾经浓烟滚滚，是让伦敦成为"雾都"的罪魁祸首之一，直到1983年才正式退役。停止发电后，该电站被英国政府列为国家二级保护建筑，之后在旧址上闲置了近三十年。历经曲折的修复之路后，保留原始样貌的建筑正以一座商业综合体的形式面向公众。

伦敦政府多次实施对巴特西发电站再生项目策划，但均以失败告终。第一次提出改建方案是在20世纪80年代后期，由建筑师塞德里克·普莱斯提出的将建筑的砖墙拆除，仅保留钢结构和烟囱的方案，下方建设居民住房，让发电站的标志性轮廓"漂浮"在伦敦上空。第二次改建方案于1986年由地产商约翰·布鲁姆提出，试图将发电站及周边地区改造成一个带有游乐设施的巨型购物中心，设有室内冰场、过山车、高尔夫练习场等娱乐设施，游客可通过室内热气球设施到达各楼层和屋顶，打造成为伦敦的"拉斯韦加斯"，然而这个方案最终也因资金链断裂而搁浅。第三次改建方案于1993年提出，项目地块由布鲁姆出让给香港侨福集团，集团先后交由英国建筑师菲利普·道森和尼古拉斯·格雷姆进行规划设计，从主题公园到马戏园，再到奢华酒店和综合性社区，但始终没有获得任何落地进展。直到2010年，项目地块被马来西亚开发商SP Setia和Sime Darby Property收购，正式开启片区更新改造，并将其改造为休闲娱乐综合体，包括3500套住宅、15.8万平方米的商业办公和零售空间。整体改造面积达到42英亩，总投资达80亿英镑，整个历史建筑改造和片区更新规划分为8个阶段，旨在打造一个充满活力、可持续发展的混合用途开发项目，是伦敦近年来规模庞大的历史建筑改造和城市再生项目。

巴特西发电站片区更新改造项目的建筑修缮措施既尊重历史地标的完整性，又在创建全新的活动空间、商店、餐厅、大型开放式办公空间以及空中别墅等，通过植入丰富业态，以"6%"创意产业吸引年轻人，打造"产业社区"。根据"6%理论"：如果一个社区能够吸引6%的创意工作者，那么这个社区自身就会成为一种吸引力，人就会源源不断地涌入。巴特西发电站通过引入创意产业，从而"收割"大批年轻人。2016年9月，Apple公司宣布将围绕中央中庭的前锅炉房的顶部六层，租下占据了发电站约40%的空间的约4.6万平方米，作为总部办公空间，使其成为足够容纳约3000名员工，是Apple公司在美国以外最大的办事处之一。通过头部企业引流带动效应，吸引了一些创业公司、数字媒体公司和科技公司等新兴产业的入驻，形成一个多元化、充满活力的产业社区（图4-3）。

图4-3　伦敦巴特西发电站

（来源：视觉中国）

4.3 德国——世界的"工业标杆"转型之路

德国历来是以工业发达著称，早在20世纪，强大的德国工业就已在世界舞台站稳脚跟，而这也为德国发动两次世界大战提供了雄厚的物质基础。二战结束后，一些以采煤工业起家的老工业区严重衰退，但德国加快对工业结构与布局调整和经济转型，积极进行环境综合整治，大力发展第三产业，使老工业区迅速恢复元气，保持较强的生命力，迎来经济腾飞，甚至成为欧洲的中流砥柱。

▶▶ 4.3.1 措施及经验

▶ 1. 确立社会市场经济体制，建立配套的法律体系

德国政府通过建立以市场机制和竞争为核心的社会市场经济制度，迅速恢复包括老工业基地在内的整个德国经济，并在20世纪五六十年代创造"德国奇迹"。政府在市场机制作用基础上，宏观调控包括老工业区在内的企业及实施主体，通过制定一系列法律、政策和有关条例，对经济进行适度调节和扶植。德国在1949年颁布了《基本法》，对社会市场经济做了制度和法律上的安排，并强调在经济增长和地区发展中考虑宏观经济均衡的发展要求。此后，在确立经济体制框架的基础上，德国还相继颁布了一系列法规法令，比较著名的《促进经济稳定与增长法》，对保证市场机制发挥基础作用，对促进竞争、提高效率，对政府适度干预经济乃至扶持老工业基地和落后地区都有法律上的明确规定。德国在1986年颁布了全新联邦一级的《建设法典》，并多次修订，规范市政基础设施和公共设施的建设，强化城市建设中对自然生态、历史环境和旧时代建筑物的保护。例如，在鲁尔工业区改造振兴中先后制定了《联邦区域整治法》《煤矿改造法》《投资补贴法》《鲁尔发展纲要》《鲁尔行动计划》等，有效保证各项整治政策实施，纳入到法治轨道。1920年，德国政府成立了鲁尔煤管区开发协会（现在简称KVR），作为鲁尔区最高规划机构。这个权力机构具有广泛的代表性，成员中60%是市、县政府代表，40%是为企业代表，有利于各项决策顺利贯彻落实。

▶ 2. 给予必要的财政补贴和发展基金

德国政府从20世纪50年代起一直实施补贴政策，这些补贴最初是在政府和欧共体有关法规、条例允许或默认下实施的。作为德国重要的生产部门的煤炭行业，在20世纪50年代末，年产量曾一度高达1.2亿吨，围绕大规模煤炭生产自然形成了生产链条和庞大的就业群体，一直享受德国半个多世纪的补贴。尽管煤炭生产成本在早期已是进口成本的两倍，到了90年代末已高达三倍，德国政府仍通过各种措施保护本国煤炭生产。政府认为，拿出补贴至少会在短期维持一定的就业，进而促

进这些部门进行生产结构和产品调整，调整改造应循序渐进实施。同时，德国也向欧盟争取各种发展基金。欧盟从成立之初，目标之一就是对煤炭钢铁部门实行扶植保护政策并为此建立相应的发展基金，如地区结构基金、欧洲复兴基金等。德国虽然是欧盟各项基金和费用的主要摊派国，但也是从欧盟获取上述两项基金的主要受益方，而且其中很大一部分直接用于北威州老工业基地。如在20世纪90年代末实施的《鲁尔地区结构改造计划》，就是运用来自欧盟的这些基金。

3. 建立各种机构，为中小企业发展提供多种服务

德国老工业区在改造过程中十分注重建立专门机构，从20世纪50年代末期起，德国政府已预判到地区产业和产品结构调整压力，联邦、州和地方政府相继恢复和组建了一批最初为官方和半官方的行会组织，如工商会、各种行业协会、经济促进协会及驻外联络机构等，并实施统一规划。经过几十年发展，这些机构已形成网络，自我发展能力大为加强，逐渐从财政和人事上脱离和减少对政府的依赖，如德国北威州的经济促进协会已成为一个连接政府和企业的桥梁，而其自身又按企业化运作。这类组织在为中小企业转型、应用新技术、人力资源开发培训、拓展海外市场和多种咨询服务方面，发挥了越来越重要的作用。

4.3.2 案例介绍

1. 埃森关税同盟遗址公园——工业景观整治和再创造

关税同盟公园位于德国埃森北部，前身是埃森市的关税同盟煤矿焦化厂，曾一度被视为当时欧洲最现代的炼焦厂。但是，由于钢铁危机的出现，煤矿需求大幅度减少，以至于该炼焦厂在20世纪初就不再运作。直至21世纪初，该炼焦厂出现新的转机，它被联合国教科文组织列为世界遗产，政府委托知名建筑师雷姆·库哈斯对煤矿焦化厂进行总体规划，并且还成立了关税同盟发展有限责任公司，对公园后期运营发展进行统筹管理。至此，该炼焦厂上的工业建筑群被再次利用。

公园主要的设计理念是在关税同盟工业遗产的基础上，突出强调被忽视的景观特点和品质，同时为公园提供必要、全新、多元的基础设施。主要改造理念不仅仅是建设一个类似于博物馆的工业景观，而是将

景观和现有要素相结合，将历史和未来发展交织在一起，打造和谐空间，功能上预留了再调整的可能性。主要措施包括保留具有个性化的建筑厂房、锅炉机房及钢架等历史遗存建筑，将自然景观融入工业建筑，构建具有视觉冲击力的现代景观形态。引入部分新娱乐功能，改造更新成工业文化体验区，并根据四季特色推出不同的活动体验方案，比如夏季主推泳池项目，冬季主推滑冰项目，举办"工业文化之夜"等各类活动，吸引了大量游客。同时，集聚了研究院、展览馆、工业遗产博物馆、红点艺术设计中心等设施，为当地居民和游客提供产学研娱于一体的载体空间。经过多年的发展，埃森关税同盟遗址公园已成为一个充满活力的文化场所，每年吸引世界各地约150万名游客前来参观。园区入驻企业超170家，其中70%来自创意、设计行业，成为当地文化及相关产业的重要载体（图4-4）。

图4-4 埃森关税同盟遗址公园

（来源：视觉中国）

▶ 2. 德国卡尔卡仙境乐园——新消费需求引导改造升级

卡尔卡核电厂始建于1972年，位于荷兰、比利时和德国交界处，由三国合资建成。然而建成后由于种种政治原因和民众抗议，使得该核电厂从未运行过便停止了使用，成为一座零辐射的废弃核电厂。面对资源的浪费，德国政府于2002年将核电站卖给了一位投资商，面对巨大的冷却塔、发电机组等不容易拆卸建筑物，投资商展现了十足的创新创意能力，建成主题公园，并将其命名为卡尔卡仙境。主题公园占地面积55万平方米，相当于80个足球场的大小，为了增强主题乐园的有趣性和可玩性，园区错落有致地设置了40种老少适宜的娱乐设施，例如，保龄球场、迷你高尔夫球场、沙滩排球场、户外赛车中心等，并且游戏的危险、难易程度也根据儿童的年纪和身高进行了细分，可以满足不同年龄段的需求。

园区积极推动旧厂房改造升级。高约55米、直径约40米的冷却塔成为园内的地标性建筑，其外壁通过设计改造，画上了连绵起伏的雪山，并被设计成9～16岁孩子可玩的攀岩墙，其内部设置58米高的垂直升降旋转秋千，成为全年龄人群慕名打卡的项目。保留了废弃的核电厂遗留建筑，改造为别具风格的剧院和博物馆。厂房建筑的原始外观也被部分保留，向游客展示着核电站的历史，其内部门禁系统也被保留，成为展示的一部分。基于园区地处三国交界的区位优势、便利的交通方式、良好的绿化环境，通过灵活运用鲜明的核工业文化IP，将废弃建筑再造创新与升级，每年公园吸引游客约60万人次，带动了周边地区经济发展（图4-5）。

图4-5 德国卡尔卡仙境乐园

（来源：视觉中国）

3. 鲁尔区北杜伊斯堡景观公园——生态环境修复

北杜伊斯堡景观公园是德国北杜伊斯堡的一个后工业景观公园，原址是炼钢厂和煤矿及钢铁工业，工厂的发展导致周边地区严重污染，于1985年废弃。1991年，该遗址由德国景观设计师彼得·拉茨与合伙人改造成景观公园，占地约200公顷，整体设计注重生态环境修复，通过视线上、功能上的连接完成交互，将工业遗产与生态绿地融合在一起。

园区内部主要包括高炉公园、熔渣公园、水公园、铁道公园、冒险乐园、矿仓展廊等部分，与其他同期改造项目不同的是，园区创建了一个洁净、生态的水循环系统。通过利用原有工业厂房排水系统，结合新建的风力驱动装置，将建筑物、矿仓和冷却池流出的废水和收集的雨水排入埋在一层黏土之下、直径为3.5米的地下管道之中，将收集的雨水引至工厂中原有的冷却槽和沉淀池，经澄清过滤后流入埃姆舍河。

北杜伊斯堡景观公园项目是埃姆舍地区绿色空间结构系统中的构成元素之一，主要以生态恢复及整合开放空间为主脉络，将区域内各种自然和人工环境要素统一进行规划设计，可为公众提供工业文化体验以及休闲娱乐、体育运动、科教研学等多种功能的活力空间，被认为是后工业景观公园的代表作之一（图4-6）。

图4-6　德国鲁尔杜伊斯堡景观公园

（来源：视觉中国）

▶ 4.4 法国——欧洲的"工业强国"转型之路

法国早期的工业区起源于自发性建立的工厂，但自20世纪50年代后，石油价格下跌对煤炭产生极大冲击，导致煤炭企业大量倒闭，引发了一系列诸如失业增加、经济滑坡等问题，煤、铁等资源型产业逐渐失去竞争优势，老工业区衰退问题逐步凸显。法国以绿色转型为突破口，借助全球范围推动应对气候变化行动的契机，找准绿色经济、循环经济发展方向，走出了由资源型驱动转向可持续经济发展的绿色转型之路。

受"后工业化社会"理论的影响，法国一方面着力发展高附加值的服务业，增加第三产业的就业岗位，以应对工厂倒闭造成的社会冲击；另一方面加大对研发创新的政策支持，试图将工业生产中附加值低的环节转移到其他国家，国内仅保留高附加值环节。

▶▶ 4.4.1 措施及经验

▶ 1. 将转型工作纳入国家计划

法国政府高度重视老工业区转型发展工作，将其作为国土整治的重要组成部分，构建组织领导和管理制度体系，纳入国家经济社会发展计划进行统筹安排。如政府直接派专员赴洛林等地区进行统一指挥，为老工业区经济转型制定具体政策，从筹集资金到帮助职工培训等。20世纪80年代以来，法国通过签署"国家—地区经济发展合同"的方式，协调国家目标与地区目标。国家承担合同中"优先项目"的常年义务，取得资金分配的优先权。在治理老工业区的过程中，1984年分别同洛林和诺尔—加莱地区签署了"计划合同"。

▶ 2. 积极引导产业集聚

法国老工业区的产业转型主要是从调整产业结构和植入新兴产业入手，以传统产业内的企业改造和转型为重点，以科技创新应用为支撑，将基础条件较好的老工业区改造建设为高新技术园区，提升产业能级。例如，在洛林地区建设南锡和梅斯两个高新技术园区。南锡高新技术园区设有配套的工业、服务、研究与培训等方面的机构，重点以信息、自动化、生物技术、农食品、卫生、材料等领域的研究开发为重点；梅斯高新技术园区由交通尖端工业区、企业服务区和大学园组成。同时，设立新工业区，积极引导国内外投资者对重点转型地区进行投资，大力发展新型产业。

3. 注重中小企业培育

为了培育中小企业，法国政府成立了企业创新创业平台，帮助中小企业制订起步计划并在初期为之提供厂房、机器、办公室等租赁服务，仅收取少量的费用，不足部分由政府补助。企业成熟后，可搬出园区到其他任何地点上经营。在进行新设备投资时，国家和地区还将给予一定的资金补助，随时帮助企业解决发展过程中的问题。帮助企业、科研机构和高等院校搭建桥梁，打通产学研通道，推进企业向数字产业、生态产业、文创产业、手工业和电子游戏等方向发展，目标是用3～5年的时间将企业培育成中小型企业，将来在老工业区的转型中发挥支撑作用。

▶▶ 4.4.2 案例介绍

1. 南锡工业区——产业转型创新

南锡是阿尔萨斯·洛林地区的重要节点城市，曾经的南锡被煤矿和高炉所环绕，是典型的"工人之城"，而随着煤钢工业的衰落，南锡也开始了自己艰难的转型之旅。为了推动地区复兴，法国政府专门成立了土地整治与地区行动领导办公室和洛林工业促进与发展协会，负责领导产业转型和区域规划。法国政府出资成立矿区工业化基金，帮助矿区改善基础设施和发展高技术产业。1996年，欧盟委员会批准了洛林的发展经济跨国合作计划，在政府的引导下，南锡科技园等一系列重大科研创新类项目纷纷落地，现在的南锡，已成为法国重要的大学城和医学中心。

南锡工业区转型之路与其他老工业区不同之处是大力发展科研教育。2008年，法国教育部推出国家大学项目，制定"校园洛林"计划，基于南锡的区位优势，通过整合区域内12个大学和科研机构，改造利用老工业区厂房等基础设施，在南锡及周边地区共同构建一个科研高地，建设成为开放式的校园大都会。为了进一步拓展南锡的科研能力，市政府还将南锡国立高等矿业学院、南锡国立高等艺术学院高等院校聚集在一起，共同形成了综合性大学城，旨在通过建设综合性大学园区提高城市的科研能力，导入创新活力。南锡工业区坐拥南锡高等矿业学院、法国南锡高等商学院、南锡国立高等艺术与设计学院等多种类高等学院校，为南锡带来了大量的年轻人群。在南锡，36%的城市人口年龄在15～29岁之间，远高于法国城市13%的平均值，南锡已经真正变成一座充满年轻活力的学院城市。

▶ **2. 贝尔瓦尔（Belval）钢铁厂改造——片区综合开发**

贝尔瓦尔钢铁厂位于埃施市中心西边两英里处，其改造是埃施最大的再利用开发项目。20世纪70年代，由于法国推进钢铁业外迁，作为曾经法国最现代化的贝尔瓦尔钢铁厂逐渐转向衰落。直到20世纪末期，当地政府计划将工业基础设施进行全面翻新和现代化改造，将老工业区改造成一个集聚休闲、商业、居住于一体的综合功能片区，周边地区也逐步打造成为今天卢森堡大学和许多顶级研究机构的所在地。改造项目由荷兰约·克嫩建筑事务所实施总体规划，改造区域占地面积约120公顷，被分为4个功能区域：贝尔瓦尔北/贝尔瓦尔南——主要为居住区，贝尔瓦尔公园——大型景观公园，方里区——公寓、办公楼和商业混合区，高炉台地——科学城总部。

贝尔瓦尔钢铁厂最大的亮点是成功地整合了两座巨大的（91米高）废弃高炉，规划师按照创新融合理念将工业遗存融入新的城市建设中，建设极简主义建筑"创新馆"和大学图书馆，共同构成了无与伦比的建筑群，为工业遗迹和当代建筑营造出妙趣横生的风貌，来自世界各地游客和当地居民可以登上40米的高炉，了解到卢森堡的工业历史。2022年，法国政府实施"埃施2022：2022年欧洲文化之都阿尔泽特河畔埃施"计划，不断发挥园区内知识大厦、人文科学馆、数字大厦、摇滚音乐厅等设施功能作用，每年夏季高炉节等特殊场合之际，高炉都会闪耀出不同"光芒"。

贝尔瓦尔钢铁厂通过近20年的发展，实现了由工业之城向创新之

图4-7 贝尔瓦尔钢铁厂改造

（来源：视觉中国）

城的转换，这种转换虽然在功能上是脱胎换骨的，但在精神上却保持了一种完美的延续。工业遗迹带来了纪念性的历史片段和结构性的空间景观，新旧建筑物间协同发力，正在转变为面向未来的知识创新创意技术中心，打造法国最独特的场景之一（图4-7）。

4.5 美国——闻名的"锈带地区"转型之路

19世纪后期到20世纪初期，美国中西部地区因为水运便利、矿产丰富，成为当时的重工业中心，其中钢铁、玻璃、化工、采矿等行业纷纷兴起。然而，自从美国步入第三产业为主导的经济体系之后，这些地区的重工业纷纷衰败。自20世纪70年代中期开始，随着制造业在经济中的比例逐步下降，这些地区也开始走下坡路，衰落导致该地区经济萧条，遗弃的工厂设备锈迹斑斑，被人们形象地称之为"锈带"城市（地区）。著名的"锈带"城市则包括"汽车之城"底特律、"钢都"匹兹堡、克利夫兰、芝加哥等。基于"锈带"城市每况愈下，美国政府部门开始实施一系列"复兴"计划，提出主动干预、多元主体合作发展等举措，促进老工业区走向复兴之路。

▶▶ 4.5.1 措施及经验

▶ 1. 实行政府干预，向本国落后地区和国外转移产业

美国联邦政府与州政府制定了一系列扶持政策，通过共同拟定税收优惠、多补贴及信贷优惠，发放迁移费用和住房补贴等，向西部和南部地区倾注大量财力，以支持"阳光地带"的发展。同时，东北部地区的一些制造业厂商，为了在本地区促使产业升级，也往往把劳动力密集而又有环境污染的制造业向"阳光地带"迁移。另一方面，还通过向国外开拓市场或转移产业的方式，缓冲国内传统制造业的衰落局面。美国政府加强与其他国家建立外交关系，为国内制造业商品出口和跨国公司向外投资铺平道路。为减少因利润率下降所造成的损失，"锈带地区"的大型企业把目光瞄向国外市场，纷纷在国外建立分公司，将一些劳动密集型产业和耗能污染型产业向国外转移。

▶ 2. 多元主体合作发展

受知识经济与全球化浪潮的影响，美国"铁锈带"城市的传统制造业岗位迅速减少，青年劳动力持续外迁，对美国经济等产生了严重且持续的负面影响。因此，美国政府在后工业化转型过程中，积极推动高等教育政策，政府主导构建"政府—大学—市场"协同联动体系，促进大学生就业。通过发布公共政策推动大学与企业、政府协同开展科研创新活动，共同孕育出具有共识性的理念和战略，联合构建科研中心、实验室等研究机构，壮大基础科研能力。得益于对环境治理的重视、文化与社区建设力度的加大、教育资源的兴起及经济多元化的发展，优势明显的"锈带"城市（地区），如匹兹堡、利哈伊谷等城市成功转型为高新技术研发中心，教育、旅游和服务业也得到了发展。

▶▶ 4.5.2 案例介绍

▶ **1. 纽约曼哈顿 SOHO 街区——市场主导下的分散更新**

美国SOHO街区位于纽约曼哈顿岛南端的中心区域，街区面积仅约为0.65平方千米。19世纪中叶，该区域曾经兴建了大量以铸铁为建筑材料的厂房，是当时工业化时代兴起的一个工业区。二战后，纽约市的制造业衰退，SOHO区的制造商也纷纷搬离，留下的大车间因不适合居住而大多空闲。在20世纪50年代，美国各地画家、雕塑家等为主的民间艺术家聚集该区，把它们变成了生活空间和艺术工作室，经过10年的发展，原来破旧的废弃工厂成为当时纽约创新文化的"温床"，20世纪60年代，当时纽约市长作出了具有远见卓识的决定：全部保留SOHO旧建筑景观，通过立法，以联邦政府的名义划定SOHO为文化艺术区。其主要思想是充分利用该区域原有的文化氛围，结合高雅艺术与大众消费，做到政府主导与企业参与的协调合作，并按照"以旧整旧"的原则，利用已经形成的艺术文化氛围，协调政府、企业、公众参与，进行街区风貌更新。在该政策的指导下，成功地改造了SOHO区，从此一个承旧启新的SOHO在纽约市诞生了。

SOHO区的改造既保护了充满历史文化底蕴的古旧建筑，又保护了艺术家们的创造空间，达到了良好的社会效益，同时也实现了城市中心的再增值。随着SOHO区文化的发展，经济也迅速兴起，除艺术品外，餐饮、时尚、旅游等商业设施都得到了快速发展。如今，SOHO区作为艺术区闻名于世，已发展成集居住、商业和艺术于一身的社区，被誉为"艺术家的天堂"，每天吸引着成千上万的游客慕名而来，成为纽约最具吸引力、最有艺术氛围、最适宜步行街区的典型代表（图4-8）。

▶ **2. 伯利恒高炉艺术文化园区——文化复兴**

伯利恒钢铁厂建于1904年，占地面积约为1800英亩。由于美国制造业撤资以及外国竞争的激烈等原因，该钢铁厂在1998年倒闭，对当地居民就业产生了很大影响，导致约20%税收损失。直至2000年，为了能够让这片区域重新焕发活力，伯利恒重建局不遗余力地对园区进行改造利用，建造了占地126公顷的伯利恒作品展示园区。

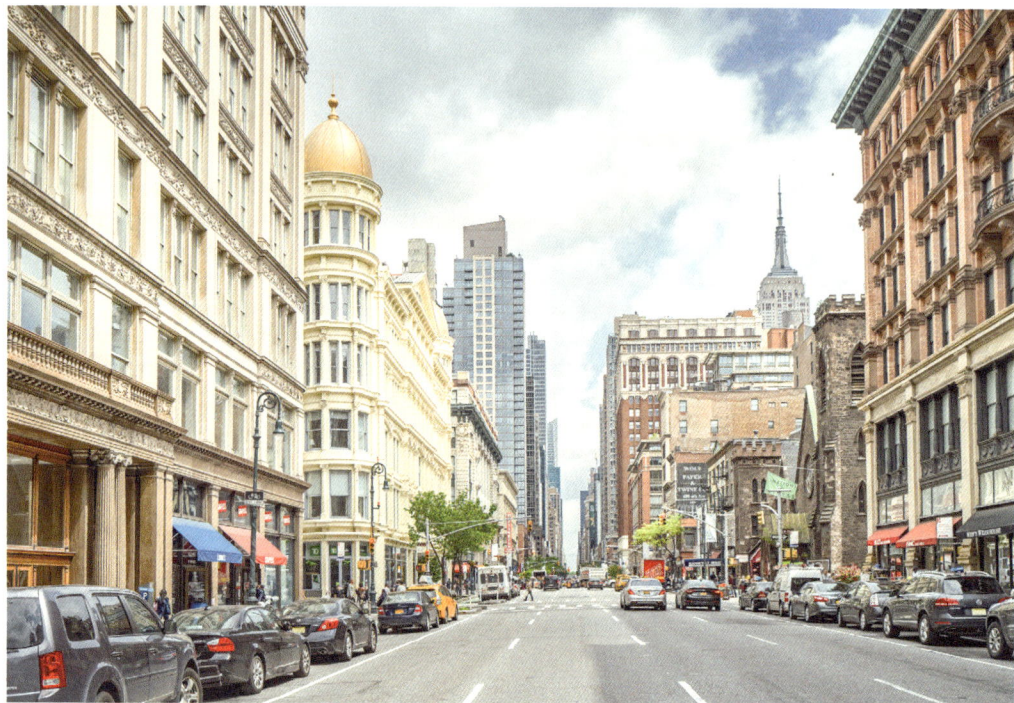

图 4-8　纽约曼哈顿 SOHO 街区

（来源：视觉中国）

　　园区以大型文化项目和活动为切入点，将矿车间和研磨车间分别改造成为游客中心和节庆活动中心，原有高炉则被保留作为新建广场的背景。通过"自组织"和"他组织"结合的方式，对工业废弃地进行再利用，对所有物质遗存进行原样保存，呈现了工厂的历史和工艺流程，参观者在空中栈桥上游走和驻足，就如同行进在企业的历史长卷中，别有趣味，营造形成了沉浸式体验（图4-9）。

图 4-9　伯利恒高炉艺术文化园区

（来源：视觉中国）

▶ 4.6 日本——亚洲的"制造强国"转型之路

日本资源匮乏，工业原材料依赖进口，在第二次世界大战期间，日本的制造业水平在特定领域展现了一定的实力，但与其他发达国家一样，都经历曾经工业繁荣但是之后凋零的"铁锈地带"。日本在推进工业化进程中，采取了循序渐进推动资源枯竭型产业转型发展、打造技术密集型产业基地、加快布局和构建绿色工业生态体系等举措，在成功实现产业转型升级的同时，推进工业的合理布局。

▶▶ 4.6.1 措施及经验

▶ 1. 循序渐进推动资源枯竭型产业转型发展

日本在推进老工业区产业转型过程中，并非简单延伸原有产业链，而是将调整衰退产业和培育新兴产业相结合，循序渐进实施转型。20世纪60年代初，日本政府制定了产煤地振兴的相关法律措施，淘汰和转移部分高污染高能耗的重化工业，妥善处理和安置失业人员，保障经济社会平稳运行和资源再利用。政府通过设立产煤地振兴事业团，由该事业团出资、融资开发建设工业园区，通过对园区土地赋予减免税、长期贷款等支持措施，吸引投资者到产煤地建立工厂，以新产业振兴产煤地。政府根据老工业区人力资源和区位优势，制定了具有前瞻性与引导性的产业可持续发展战略。适时从客观实际出发，选择新兴替代产业，如汽车、半导体等新兴产业，避免产业同质化发展，成功实现了老工业区产业优化升级和经济结构转型。

2. 打造技术密集型产业基地

日本推行"技术立国"战略，注重技术创新对工业发展的推动作用。通过技术引进和消化吸收，鼓励日本本土企业与国际科研机构、跨国公司共同研发核心技术，如引入德国、法国等国家汽车生产技术，并在借鉴学习的基础上加以改进创新，建立起较完善的制造技术体系。积极推动工业和产品结构调整，积极开拓工业机器人、生物工程和新能源技术等产业，技术密集型产业成为日本经济的重要支柱。

3. 加快布局和构建绿色工业生态体系

从20世纪50年代开始，日本通过构建一套完整的、涵盖公众、企业及立法所构成的"三位一体"模式，陆续制定出台了《公害对策基本法》《废弃物处理法》《绿色经济与社会变革》等法律法规，刺激绿色经济的发展。针对老工业区复兴领域，大力发展循环经济，鼓励创建"生态工业园"，以建设循环型社会为目标，投入大量人力、物力和财力，开展生态工业的理论研究和实践探索。例如，日本九州，是日本第一个开展生态工业园区实践的城市，并将自身定位为"亚洲国际资源循环和环境工业基地城市"。

4.6.2 案例介绍

1. 日本横滨"21世纪未来港"（MM21）——片区综合开发

横滨位于东京南面三十公里，人口三百余万，是日本最大的海港城市之一。20世纪末，横滨港沿岸设有大量的港埠设施与之相伴而生的工业制造与仓储产业，但受到全球化浪潮的冲击，横滨面临制造业衰退危机。二战期间，横滨市区大部分被摧毁，基于其区位条件，只作为到东京的通勤中心（"卧城"）。横滨为了复兴城市发展，在1965年提出了六个相互关联的重要战略项目，其中MM21就是横滨市中心再开发项目中重要一环，目的在于努力创造一个独特、有魅力的综合城市。21世纪未来港（"MM21"简称未来港）作为横滨市未来拓展的重要战略空间，也是京滨一体化的重要战略空间。规划总面积186公顷，通过港区更新、空间结构整合融入区域，连接横滨市关内、伊势佐木町地区与横滨车站周边地区，形成商务金融、商业娱乐、文化休闲等多功能融合的复合型滨水空间。

未来港从规划之初，历经35年完成了大规模基础设施的建设，成为集商业、办公、文化、旅游于一体的城市中心。未来港积极推动TOD模式，提供多维度路网体系与多样化公交服务供给，不仅拥有完善的内部交通网络，与外部地区也有着极为便利的交通联系，是城市重要的交通枢纽中心。除了完善的道路交通系统外，未来港及周边地区覆盖密集的轨道交通线路，未来港地铁线贯穿区域，并与周边多条轨道交通相衔接。项目注重创建多层次的公共开放空间，充分利用滨水地区优良的自然条件，在有限的城市建设用地内尽可能多地建设城市公园、绿地与广场。规划将大量公园绿地沿滨海区布置，并通过步行系统联结公共开放空间和重要公共服务功能节点，如临港公园、横滨美术馆、皇后广场等，构建了"未来港"地区点、线、面相结合的开放空间网络系统。

未来港从重工造船厂迁出开始转型更新发展，现已成功从以造船厂为主导的工业港口转变成为市民提供休闲、娱乐，为区域提供商业、文化、国际交流等多元功能的复合型滨水空间。通过推进站城一体TOD模式，引导区域城市更新；完善低碳慢行网络，打通地上、地面、地下立体复合城市脉络；强调塑造多功能公共空间与公共场所，将公共空间植入休闲娱乐、体育健身、展演活动等功能，激发城市活力；构建地区多类型的特色空间，活化利用历史建筑，形成有历史记忆的空间场所，将传统与创新相融合，形成横滨港独有的地区魅力（图4-10）。

图 4-10　日本横滨"21世纪未来港"

（来源：视觉中国）

▶ 2. 空知工业区——工业遗产旅游开发

空知工业区位于日本北海道中部内陆地区，总面积约4633平方公里，曾是日本最大的产煤区。1955年日本出台以油代矿政策，空知的地下煤矿被陆续关闭，支柱工业逐渐衰退，地区出现经济活力低下、社会结构脆弱、建成空间失序的空心化特征。为应对空心化带来的诸多区域发展问题，空知在早期采取了扩大招商、兴建工业园等方法，但成效不明显。2001年，随着255项煤矿设施和文化被认定为北海道遗产，空知将目光投向工业遗产开发。

在此背景下，当地学者提出了以旅游应对空心化的"吸引—回馈"理论，强调通过旅游开发吸引游客，既能从中获得经济收益，又能吸纳人才就业和推动片区综合更新。空知工业区的实践具体表现在两个方面：首先，通过构建包含3项一级指标和12项二级指标的科学评价指标，对地区所有工业遗存景点进行评价、筛选和建设。该评价指标体系不仅包括地标和煤矿遗产价值，还将可实现更新之后的工业景观、商业配套设施、非物质文化遗产、就业人员场地、市民组织能力等纳入评价的要点，增强了后续片区开发的可运营性、体验性与多样性。其次，策划种类丰富的景区运营项目，通过从区域、旅游小镇、旅游点等三个维度构建多环节、多层面的系统化景点建设，开展区域内娱乐和交流活动，实现游客对当地的人口、文化与环境的反馈。该区域主要策划设计了5条煤矿记忆主题线路，串联14处游客中心、255处煤矿遗产，满足不同偏好的游客需求，提升沉浸式旅游体验。

对于人口短缺与社会发展缓慢的空心化工业区，工业遗产旅游开发不仅能发挥促进经济作用，还能对地区人口增长、文化认同等方面起到带动作用。空知工业区通过工业遗产旅游开发吸引了大量客流，让区域工业旅游年游客量达到上千万人次，还带来了每年两万以上的地区流入人口，极大地缓解了区域空心化问题。

参考文献

[1] 薄宏涛.存量时代下工业遗存更新策略研究：以北京首钢园区为例[D]，南京：东南大学，2019[2019-12-25].

[2] 张苗苗.城市老工业区产业结构调整中的政府职能研究：以济南市历城区为例[D]，山东：山东师范大学，2018[2018-12-15].

[3] 王军.有关发达国家老工业区衰退及更新的思考，"2012中国城市规划年会论文集"[C]，北京，2012.

[4] 张启元.国外老工业区转型的基本做法和经验[J].辽宁经济，2004，94-95.

[5] 杨雪.英国北部及西北部传统工业区改造中的就业政策及启示[J]，人口学刊，2006（2），56-60.

[6] 国家文物局.英格兰考古遗产保护立法与政策[EB/OL].(2021-12-30)[2024-12-13]. http://www.greatwallheritage.cn/CCMCMS/html/1/56/149/1725.html.

[7] 赵伟.英国区域政策：最近10年的调整及其趋向[J]，世界经济，1995，65-69.

[8] 工业遗产保护探索篇之二 纳入城市总体规划 加强工业遗产保护[J]，中华建设，2010（7）：15-17.

[9] 废旧钢铁和煤炭产地的逆袭——布莱纳文工业区景观[EB/OL].(2017-6-20)[2024-12-13]. https://www.163.com/dy/article/CNC6UJVL0524DGQ7.html.

[10] 武士国.德国北威州老工业基地改造问题研究[J].辽宁科技参考，2004（5）：41-43.

[11] 陈霁，程红菲.工业遗产景观的再创造：以德国关税同盟公园为例[J].城乡建设，2021：77-79.

[12] 工业旅游｜延续工业文脉，挖掘历史美感[EB/OL].（2022-7-31）[2024-12-13]. https://baijiahao.baidu.com/s?id=1739840427075315622&wfr=spider&for=pc.

[13] 改造案例：从德国鲁尔区北杜伊斯堡景观公园看工业遗产的活力与轻盈 [EB/OL].（2021-3-1）[2024-12-13]. https://mp.weixin.qq.com/s/HzwLE4dJ-5KCj7szYi6hng.

[14] 杨成玉.法国洛林的"绿色革命"[J].人民周刊.2004（5），41-43.

[15] 丈量城市.老工业带的创新心脏：法国南锡工业区更新[EB/OL].（2021-7-5）[2024-12-13]. https://mp.weixin.qq.com/s/QEs5oOWJzlx3MgDHe8Uxgg.

[16] 安托瓦妮特·洛朗（文），尚晋（译）.贝尔瓦尔科学城[J].世界建筑，2019：32-37.

[17] 徐燕兰.美国老工业区改造的经验及其启示[J].广西社会科学，2005（6）：50-52.

[18] 吴寒天，曾令琴.从"铁锈带"到"智带"：后工业化转型中的"大学—区域"互动机制研究[J].高校教育管理，2022（6）.

[19] 青岛大学文化旅游高等研究院.老街焕新颜：城市历史文化街区的改造与有机更新[EB/OL].（2023-11-28）[2024-12-13]. https://mp.weixin.qq.com/s/WwnZP5YjkJ5ejLNPtDFfOQ.

[20] 工业景观环境遗产典范：美国伯利恒废弃钢铁厂艺术文化园区[EB/OL].（2017-9-13）[2024-12-13]. https://mp.weixin.qq.com/s/Qf2DmYPXIpBUX1ctSM5UcQ.

[21] 张厚明，张文会.日本促进工业合理布局的经验与启示[J].中国国情国力，2021.

[22] 日本横滨"21世纪未来港"（MM21）——工业港蝶变活力城区转型之路.伤上海金滩，2023. https://mp.weixin.qq.com/s/YYen96L_mVu1by0MT30sqA.

[23] 段苏桐.老港区及其周边地区再开发规划策略研究[D]，大连：大连理工大学，2015[2015-5-31].

[24] 张译心，刘健，杜立柱，等.以工业遗产旅游拯救空心化地域——日本空知工业区的实践启示[J].中国生态旅游，2023（13）：342-355.

第5章

国内探索

国内的老工业区更新是更新理念由浅入深，更新广度由小及大的过程，从最初聚焦单体工业遗存的简单更新，到聚焦老工业区的整体转型，再到立足城市广域维度的全面复兴。老工业区更新作为城市更新的一个重要组成部分，也从与城市割裂的关系转变为与城市共生共荣。

▶ 5.1 房地产发展下的粗放更新：拆除重建

拆除重建以全面的拆旧建新为特点，最彻底地落实城市规划内容并达到提升土地集约节约利用效率、完善公共配套和基础设施及消除安全隐患等综合目标，适用于原建成区无保留价值且通过综合整治或功能改变均难以实现改造目标的情况。从我国老工业区拆除重建具体情形来看，城市化进程的不断加快和城市产业结构的升级调整，致使人口持续向城市涌入，大量原本处于城市郊区的老工业区一跃成为城市中心区内成片的棕地，低产出率的工业用地已经不能满足城市土地高价值输出的要求。面对城市用地指标紧缩的现实，中心区内的老工业区成了多方利益群体争抢的"宠儿"，这一时期恰逢国家住房制度改革，房地产开发迎来了井喷。因此，我国老工业区的拆除重建有着鲜明的房地产发展印记。其中典型案例是北京东郊工业区拆除重建为CBD。

北京CBD选址于原东郊工业区，是北京国际金融与商务功能集聚地。20世纪80年代，北京CBD区域还是一片工业区，烟囱耸立、机器声轰鸣。二锅头酒厂、第一机床厂、北京吉普车厂等，北京人脱口叫得出名字的工厂，几乎都在今天CBD区域。1路车和4路车在郎家园停靠，成为许多人深刻的城市记忆。

1984年11月，一纸合资建设与经营中国国际贸易中心的合同在北京人民大会堂签署。1995—2005年，区域内的北京第一机床厂、北京金属结构厂等42家老企业（占CBD总面积的63.8%）相继搬迁，为CBD建设腾出大量用地。1990年，209米高的京广中心建成，被誉为"京都摩天第一楼"。在改革开放后的40多年间，该区域从萌芽起步日臻完善，逐步从老工业区发展成招商吸引力位列全球第7位的中央商务区。

由于企业搬迁所需资金巨大，利用土地级差效益成为当时唯一的解决方式。CBD区域工业用地具有地段好、占地规模大、拆迁矛盾少的优势，成为房地产开发的热点。为了对工业用地进行大规模开发，工业建筑遭遇了毁灭式拆除，许多价值较高的工业遗产在一夜之间荡然无存（图5-1）。

图 5-1　北京朝阳莱锦文创园

（来源：自摄）

虽然牺牲了很多有价值的工业遗产，但也换来了北京CBD的城市建设快速发展，地标性建筑拔地而起，商业机遇也纷至沓来。与首都经济"退二进三"的产业结构同步调整，北京CBD由2000年前以化工、汽车、机械等传统产业为主导发展至今，已基本形成以国际金融为龙头、高端商务为主导、国际传媒聚集发展的产业格局。

总体看，虽然拆除重建具有效率高、资金回笼快等优点，能迅速调整功能、改变面貌，推进机制相对简单，但值得注意的是，在一定条件下，拆除重建并非老工业区产业升级改造的最优途径。拆除重建可能会彻底改变城市原有的深层结构和肌理，或许会给城市留下不可修复的"疤痕"，城市也将不断丧失承载着历史记忆的肌理。某种意义上而言，拆除重建的更新方式也反映出工业遗存保护意识不强，体现了特定历史条件下，城市文脉、连续城市空间等改造设计理念方面还比较欠缺。有些地方甚至为了短期利益，将大量工业遗存毁于推土机之下，或被当作"破烂"和"垃圾"被廉价、野蛮处置，造成历史文化的巨大损失。

▶ 5.2 文化传承下的小微更新：静态保护

20世纪70年代至20世纪80年代中后期，在发达国家如火如荼的城市更新运动中，对工业遗存的保护更新逐渐成为其中的重要部分。对于20世纪80年代之前的中国来说，由于相关保护政策还没有出台，大量工业遗产没有划入保护范围，一些闲置厂房被企业以经济自救为目的、发展第三产业为名义进行自我开发或转租，改造为家具城、建材市场或餐饮娱乐场所等。这种简单的商业再利用模式是仅从经济目标出发的改造，破坏了原有的历史风貌和结构体系，带有自发性和盲目性，只能说是闲置资产利用。

1982年《中华人民共和国文物保护法》颁布，标志着我国历史文化遗产保护制度形成，工业遗产保护也引起了国家层面的关注。1991年上海市政府发布了《上海市优秀近代建筑保护管理办法》，旨在保护1840年至1949年期间的重要建筑物。2006年4月，以"重视并保护工业遗产"为主题的中国工业遗产论坛在无锡召开，并通过《无锡建议》，中国工业遗产保护工作正式提上了议事日程。2006年5月，国家文物局发布了《关于保护工业遗产的通知》，要求各级文物保护部门应该充分认识到工业遗产的重要价值，并制定了加强保护和监管工业遗产的工作要求和政策指导。2018年11月，工业和信息化部发布《国家工业遗产管理暂行办法》，对国家工业遗产的范围、认定程序、利用方式进行了明确规定，标志着我国在建立科学化、规范化的国家工业遗产保护利用制度方面迈出了重要一步。

我国对工业遗产的保护性利用，探索出了多种多样的保护模式，可大致归纳为三种情形：保护建筑、保留建筑、改造建筑。三种模式之间并不是非此即彼的关系，同一处工业遗存可以采用多种模式叠加进行更新。

▶▶ 5.2.1 发挥历史价值：保护建筑

保护建筑模式主要是发挥工业遗存历史价值，注重结构加固、立面修缮和局部历史复原等手法，通常依托有一定规模工业遗存空间打造文化展陈空间，以传承工业文化和保留历史建筑为目标。

▶ 鞍山钢铁厂打造工业遗产建筑群

鞍钢厂区始建于1918年，现存工业遗产群建设于1918年至1956年，鞍钢见证了中华人民共和国的成立与发展，也是中华人民共和国成立后第一个恢复建设的大型钢铁联合企业和最早建成的钢铁生产基地。

作为首批入选工业和信息化部认定的国家工业遗产名单，鞍钢的工业遗产建筑群分布广泛，包含16处工业遗产，例如，大孤山铁矿集群、老台町名人故居区、三大典型保护遗址等，涉及城市各个区域，点状分布，线性连接，规模较大，拥有高炉、水塔、机械、设备及厂房建筑这一系列非常完整的产业链条，形成了集采矿、选矿、烧结、冶炼、机械制造、工业英模人物于一体的工业遗产群。其中，昭和制钢所本社事务所、烧结总厂二烧车间旧址、昭和制钢所迎宾馆旧址等为国家级重点文物保护建筑（图5-2）。

图 5-2　鞍山钢铁集团全景

（来源：视觉中国）

专栏 5-1　昭和制钢所

昭和制钢所本社事务所旧址于1933年建成，俗称"大白楼"。整座建筑坐北朝南，混凝土结构。占地面积约为1900平方米，建筑面积9327平方米。该建筑是日本侵华时期在鞍山建立制钢所时的办公楼，当时称"本社"，解放战争时期作为国民党管理鞍钢的机关办公楼，新中国成立后作为鞍钢机关办公楼，它是鞍山解放的见证，也是鞍山钢铁工业发展的见证。

昭和制钢所迎宾馆建于20世纪30年代日占时期，是日本人为鞍山制铁所（后改为昭和制钢所）高级管理人员提供住处而修建的别墅群，意为"山坡上的村庄"，建筑整体呈"⊥"形，东西长50米，南北宽48米，高约7米，建筑面积2350平方米。建国初期曾为中央领导人视察鞍钢时的住所，后改为鞍钢老干部活动楼。

井井寮建成于1920年，由"东京建筑会社"建造，曾经是"昭和制钢所"的职工宿舍，属俄式风格砖混结构建筑，占地面积3163平方米，代表着当时日本人在东北建筑方面的良好工艺。井井寮被作为鞍钢第一职工宿舍使用。20世纪90年代又被改为商业出租并使用至今。

烧结总厂二烧车间旧址于1953年建设，由苏联人设计，占地面积4300平方米。2013年，鞍钢集团将二烧车间厂房在保留原有框架及和设备的基础上，与鞍山制铁所老一号高炉合并，改建成了现今具有鞍钢特色的现代化博物馆——鞍钢集团博物馆。馆内展示和收藏大量具有珍贵历史价值的照片和文物，设有十一个主题展区，以及1919年竣工投产的老一号高炉、原二烧车间厂房的烧结机两个特展区。

鞍钢工业遗产建筑群中有4个省级保护单位的建筑外立面及内部格局基本保持完好，其余少部分建筑外立面有所改变，仅一栋少部分设备的保护除锈工作不足。作为第一批国家工业建筑遗产，鞍钢工业遗产建筑群是目前国内工业遗产保存较为完整的静态式保护案例。

▶▶ 5.2.2 发挥美学价值：保留建筑

保留建筑模式主要发挥工业遗存美学价值，是指除文物保护单位和优秀历史建筑以外，对建筑风格、建筑结构以及人文历史等有明显特色的工业建筑进行更新的方式。该模式的形成是由于人们的人文与艺术思想逐渐浓厚，具有前瞻性思想的艺术家作为第一代改造建筑师，成为工业遗存活化利用与再生实践的实施主体。通过对工业遗存构成方式、表面肌理、色彩材料等因素的改造重塑其外部形象，运用新旧材料体现美学效果，同时尊重新老肌理的历史原真性和可读性。

▶ 中山粤中造船厂打造工业遗址公园

岐江公园地处广东中山市区，原为粤中造船厂旧址。改造过程中，原船厂废弃时大部分可用的机器被卖掉，但厂区内依然留下了一部分具有景观再利用的建（构）筑物，它们赋予园区强烈的历史厚重感、工业文化和美学。岐江公园的改造规划充分考虑了工业化时代的地域特色和时代主张，对许多具有工业文化符号的机器进行高度提炼，对带有时代特色的图像标语进行还原，并在公园的设计形式和内容上以造船、修船等内容为主题，再现原厂的文化特色。

为了使作为城市记忆的历史印记得到保留，又能赋予原厂旧址新时代的功能和审美价值，设计者因地制宜，根据不同的工业遗存特点采取了不同的更新强度和方式（图5-3）。

第一种是尊重没有设计师的设计。作为一个有近半个世纪历史的旧船厂遗址，既拥有古榕树、植物群落等自然元素，也有船坞、厂房、标识语录等人文元素，恰恰是它们渲染了旧址的氛围，因而设计团队对其进行保留可能性研究。在自然元素的保留上，水体和部分驳岸基本保留原来形式，古树都保留在公园内，并为了满足水利防洪的过水断面要求，开设支渠，形成榕树岛。在人文元素的保留上，船坞、红砖烟囱、水塔和龙门起重机等建（构）筑物被原地保留，并结合场地设计，成为丰富场所体验的重要元素。

图 5-3　岐江公园

（来源：视觉中国）

第二种是增与减的设计。为更艺术性地再现旧址的历史意蕴，通过在原有工业遗址基础上进行加减法设计，来产生新的形式。例如，对二十世纪五六十年代的水塔进行创意改造，将其置于有着现代科技赋能的"玻璃盒"中后，便有了别样的价值："玻璃盒"顶部采用太阳能发光体，可将地下的冷风抽出，降低玻璃盒内部温度，从而产生空气流动，带动两侧时钟的运动，通过加法设计的水塔，有了新的功能。不同于琥珀水塔的加法设计，另一个水塔则采用减法设计，将水塔的水泥外衣剥去，向人们展现线性钢筋的基本结构，形成骨骼水塔，更强烈地传达着场所的体验。

第三种是全新的设计。设计者通过创造新的、现代的语言和新的形式，来更强烈地表达设计者关于场所精神的体验，更诗意化地讲述关于工业遗址的故事。例如，直线路网，通过彻底抛弃传统中国园林的形式章法和西方形式美的原则，表达了对大工业，特别是发生在这块土地上的大工业的理解：即无情的切割、简单的两点之间最近原理、普遍的牛顿力学、不折不扣的流水线和最基本的经济学原理。同时，这一经济与力学原理作用下的直线路网却满足了现代人的高效快捷的需求和愿望。使新的形式有了新的功能，同时传达了场地上旧有的精神。

▶▶ 5.2.3 发挥使用价值：改造建筑

改造建筑模式主要发挥工业遗存使用价值，是指对年代较短、风貌特征比较普遍，但建筑结构与空间符合再利用要求，且具有较大改造利用价值的建筑进行再利用的一种更新方式。依托结构形式和建筑特点，大量的一般性改造建筑通过"保存＋改建＋新建"的策略进行再生。大致分为两类：一类突显时代精神，整体加固原有结构，去除残旧屋面，采用新材料给建筑穿上"生态外衣"；另一类将大跨度的结构桁架或部分屋顶保留，新功能体以一种个性的方式穿插于原梁柱间，新旧结构基本分离，通过新旧强烈对比产生震撼的视觉效果。

▶ 工业发电厂改造为上海当代艺术博物馆

上海当代艺术博物馆（Power Station of Art）坐落于上海的母亲河黄浦江畔，成立于2012年10月1日，是中国大陆第一家公立当代艺术博物馆，其前身是南市发电厂，创立于1897年，是上海第一家华资电厂，1985年已经有八十多年发电史的南市发电厂主体和烟囱建成，165米高的巨大烟囱成为发电厂的标志。2007年，整整走过110载峥嵘岁月的南市发电厂关闭。2010年，通过再生性改造，跻身"国家三星级绿色建筑"，并成为世博会五大主题展馆之一的城市未来馆，巨大的烟囱被改造成巨型温度计，充当起世博会气象观景塔的新角色。

世博会结束后，原南市发电厂又经过更新改造成为上海当代艺术博物馆。展馆占地4.2万平方米，展厅面积1.5万平方米，内部最高悬挑45米，高达165米的烟囱既是上海的城市地标也是一个特别的展览空间。改造过程中，旧电厂中的巨大烟囱、平台之上的发电机、三级梯度厂房、巨型行车以及屋顶上四个巨大的粉煤灰分离器等重要特征性元素都被加以保留，巨大的烟囱呈圆锥形向上收缩，顶上的那点光通过收缩的透视关系，使整个空间无限向顶部延伸，成为标志性的城市体温计。

博物馆内最能体现设计理念公共性的是重新铺设的五层平台，木质台阶上是一片2500平方米的临江平台，布置有咖啡馆和室外座椅。人们可以从滨江广场很自然地进入大厅，营造出轻松惬意的氛围。这座既蕴藏了城市历史底蕴，又符合国际艺术发展潮流的建筑，与周边后续利用的世博场馆紧密互动，一起组成了上海新的文化创意产业集聚区。

改造后的上海当代艺术博物馆，将20世纪的铜皮铁骨与当代艺术完美结合，将开放性与日常性融于城市公共文化生活，不仅见证了上海从工业到信息时代的城市变迁，也挥别了对能源无度攫取的过去。其粗粝不羁的工业建筑风格更是为艺术家的奇思妙想提供了丰富的可能，通过对既有空间的延展，模糊公共空间与展陈空间的界定，不仅给展品提供更多与人创造关系的机会，也为展馆作为日常滨江公共空间的使用提供便利，使得其成为工业改造的典型代表之一（图5-4）。

小微更新模式作为对工业遗存进行保护为主的更新与改造，通常将工业遗存打造为工业景观的开敞式空间，或进行功能置换，植入办公、餐饮、展陈等功能，在不破坏工业遗存主体构造的情况下，进行微利运营。总体上，小微更新模式有利于工业文脉的完善与保存，但是经

图 5-4　上海当代艺术博物馆

（来源：视觉中国）

济效益较低，经济价值创造乏力，更多的是发挥社会效益。从国外来看，对工业遗存的静态保护通常是进行博物馆式更新，将其视为企业进行运营，需自负盈亏，政府的公共扶持力度较低，如英国铁桥峡谷。国内工业遗存进行静态保护式更新，更多的是依靠政府的投入和补贴，政府财政压力较大。其次，静态保护更新手段较为单一，对工业遗存的潜能挖掘不足，对区域发展的带动性不足，不能为老工业区的全面复兴提供良好支撑，局限性较大，更多适用于文化价值、美学价值突出的工业遗存。

5.3 创新驱动下的产业更新：经济复兴

　　老工业区就像生物一样，在产业发展上也会经历生老病死的生命周期，于是各地出现了大量"僵尸企业"和低效工业用地。随着产业结构升级，如何盘活低效的存量工业用地助力产业转型升级，成为老工业区需要思考的问题。从当前国内老工业区针对产业做出的一系列更新转型措施看，主要包括"工改工""工改商""工改文"三大主流模式。各类模式之间并不是非此即彼的互斥关系，而是彼此融合的共生关系，不同模式之间能够进行组合应用。对于小尺度的工业区更新改造，可采用单一模式主导；对于中尺度工业区，可考虑多种模式的叠加或组合，对于大尺度工业区，可运用多层模式的嵌套与组合。

▶▶ 5.3.1 "工改工"模式

近年来，全国各地日益重视工业在城市发展中的基石作用，通过划定"工业园区红线"等方式，阻断了一些重要园区的"退二进房"之路，因此"工改工"成为盘活低效工业用地的有效路径。

"工改工"（工业改工业）是指依据国土空间规划，以产业转型升级为导向实施城市更新行动，摒弃传统房地产开发思维，维持原工业用途土地性质不变，改造升级原有厂房功能或翻建新型产业设施。"工改工"类城市更新是促进产业转型升级、完善城市功能、提升土地利用效率的重要手段，通过"工改工"释放空间、优化功能、完善配套、导入产业，让城市在"新陈代谢"中勇立潮头。根据工业用地分类，改造项目可进一步细分为"工改M1（普通工业用地）"项目及"工改M0（新型产业用地）"，其中"工改M0"是将老工业区升级改造为新型产业园。

▶ **上海百年纱厂改造为创业街区"长阳创谷"**

长阳创谷前身为中国纺织机械厂，原为1920年日商所建的东华纱厂，抗战胜利后经过一系列更名改制，于1992年改制为中国纺织机械股份有限公司，隶属于上海电气集团。20世纪80年代后，杨浦大量企业开始关停转迁，中国纺织机械厂也停产关闭，厂房自此荒废闲置。

2015年，杨浦区政府和上海电气集团合作，启动闲置厂房更新改造工作，最终走出一条老厂房改造为长阳创业街区的模式。在改造过程中，充分发掘和利用好工业历史文化，延续原有的"工业风"的设计主基调，将历经百年工业变迁的老厂房和建筑外形、工业元素等进行保留，使得园区的建设与周边社区融为一体。

长阳创谷的开发过程分为四期，首先，利用沿街商业来激活园区；其次，汇集众创空间和孵化器，为创业提供办公空间；再次，建设长阳会堂区域、开敞论坛、创意书店及展览展示业态提升园区品质，进一步吸引企业来此办公；最后，是远期开发，为进一步增加园区集聚和吸引能力而预留空间（图5-5）。

图5-5 长阳创谷

（来源：视觉中国）

长阳创谷最初的定位是上海中心城区最符合知识工作者的Campus创新创业街区，计划将"绿、光、锈、合"四大核心理念的现代科技、自然生态等要素融入园区，从而使生态、生活、生产和创意、创新、创业和谐共生。

例如，原纺织厂的足球场被改造成中央草坪，并经常举办创客之夜、毕业季音乐会、夏至草地音乐节等活动，这种校园式空间组织的模式是长阳创谷产生持久吸引力的关键。此外，中央草坪具有多重作用，在创意设计时期是绿化的集中场地，在人工智能时期是展示体验的开敞空间，在生命健康时期是交流互动的活动中心，这种在空间上把各种功能版图联系在一起，在时间上衔接不同产业的方法就是最初的Campus概念，让校园记忆在变化的空间中保持持久的吸引力。

此外，长阳创谷采取渗透式的社区运营方式，不同时期采取不同的策略。初期通过沿街商业来激活园区，中期以中央草坪、创意商业及书店为焦点，成为年轻群体交流互动的场所。同时，作为初生园区的长阳创谷为了吸引企业入驻，杨浦利用自身高校集聚的智力优势，将复旦、同济、上财等高校的创新创业资源导入长阳创谷，并为中小科技企业提供涵盖政策扶持、融资服务等一系列的"接力式"服务，完善创新实践平台，助推谷内企业创新力和品牌影响力的提升。

长阳创谷扎根在一排老旧厂房中，以老厂房主体建筑完整保留的方式，通过内部功能的提升转换，吸引目标企业，进而实现腾笼换鸟、筑巢引凤。目前园区聚集了一批来自国内国际知名高校的创业人才，以及约150家"双创"领军企业和极富"双创"特征的中小企业。曾经的老旧工业园区向"世界级创谷"进行着蝶变。

▶▶ 5.3.2 "工改商"模式

"工改商"模式是将老工业区改造为商业空间，在保护和利用工业遗存的同时，融入商业元素，激发商业看点，使二者互相结合，通过后续的商业活动推动老工业区的保护利用，强调服务于所处片区的居民，为他们提供商业、娱乐、休闲等生活空间，为片区经济注入活力。

▶ 大连冷冻机厂打造商业地标"熊洞街"

大连冷冻机厂的前身是新民铁工厂，始建于1930年，当时的主营业务是修理冷冻机和辅机设备，新中国成立后，成为测试、研制、生产和出口制冷设备的主要厂家。20世纪90年代后，大连冷冻机厂在保持旧厂区空调车间、铸造车间等整体格局不变的基础上，翻新改造成为科技与文化的创新生态圈——大连冰山慧谷，重点发展以工业设计、工业大数据、人工智能、新能源与文化创意为核心的五大新兴产业。

在2020年之前，此地是大连老一辈心目中的城市地标之一，以产业为主导、文化为赋能、历史为传承，对旧工业区的产业结构进行更新与升级，打造成为冷热能源创新研发的基地、科技赋能的平台，通过对文化创意集群的融合，使得新的思维方式与旧工业时代的印记发生碰撞，让产业园区的专业性、创意功能得到进一步强化。

2022年，一只名叫"熊北北"的机械白熊在大连冰山慧谷熊洞街正式亮相，其高6米，重25吨，直立高度可达9米，是熊洞街博取流量的杀手铜级产品。在当下流行消费趋势的基础上，大连熊洞街以单体机械巨兽为特色，进一步进行文商旅组合的创新实践，例如，巨兽巡游、主题游乐、特色美食、嗨玩夜场等，用文化科技艺术结合的方式打造尖叫地标，并借用"熊北北"的超级IP，将文旅和商业业态进行有机融合。例如，大连熊洞街聚焦主IP策划了很多活动和体验场馆，既有适应亲子游或少年儿童游耍的"神奇的传动——熊洞街研学馆"、亲子五项游乐设施、戏雪乐园，又有适合成人的主打爆款特色美食、开放式嗨玩夜场、时尚文创零售业态等（图5-6）。

作为一个建筑面积不到1万平方米，开业面积不足6000平方米的城市更新项目，大连"熊洞街"试营业4个月客流突破40万人，抖音、小红书等短视频平台"5亿+"曝光量。自2022年开业至今，历经两年时间，"熊洞街"线上传播已突破10亿人，年游客145万人，其中50%为外地游客，"巨熊北北"全网粉丝量破180万人，并多次获得顶流媒体的关注和报道，包括央视报道6次、各类媒体报道120余次。大连熊洞街的入驻，用文化、旅游、商业赋能老工业区更新，形成特色文商旅融合产业链，是老工业产业园区文商旅发展模式的一次成功探索。

图5-6 大连冰山慧谷园区

（来源：视觉中国）

▶▶ 5.3.3 "工改文"模式

"工改文"模式是利用老工业区打造新型文创园区。由于老工业区不同常规的艺术特质与创意产业的创新内涵十分契合，成为诸多创意产业的理想载体。在国家及地方一系列政策扶持下，我国目前已改造的老工业区项目中有近37%的项目被改造为创意产业园区，并取得了良好效果。

▶ **深圳东部工业区打造华侨城创意文化园**

深圳华侨城创意文化园是深圳市最大规模的LOFT群，也是较早形成气候的文化产业基地，园区占地面积约15万平方米，建筑面积约20万平方米，其前身是20世纪"三来一补"厂房聚集地的东部工业区。通过对厂房外立面的改造，建成了工艺品餐厅及休闲区，配套以高档餐饮为主，其他配套依托华侨城片区内部配套，大厂房改造成场馆，用于出租承办会展（图5-7）。

2003年，深圳开始实施"文化立市"策略并出台相关政策，给予创

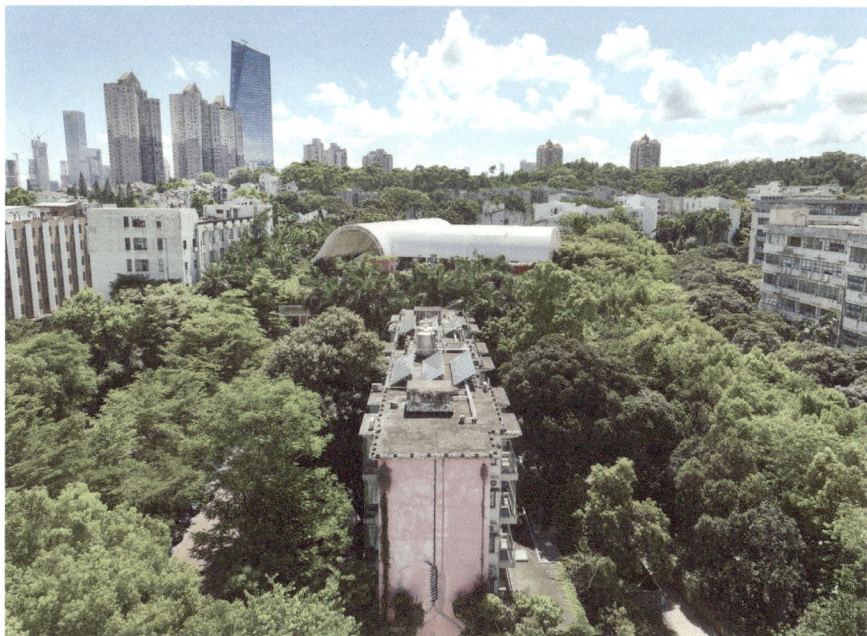

图5-7 华侨城创意文化园

（来源：视觉中国）

意产业园项目重点建设和直通车服务优惠。华侨城集团积极响应，提出将旧工业区改造成为LOFT创意产业园的想法。

2004年，华侨城集团开始以规模较小的南区作为首期试验区，根据厂房建筑特点对旧厂房结构进行加固，在保留外立面历史痕迹的基础上，在内部营造后工业化时代特色的工作和生活空间。次年1月，首批进驻园区的新型艺术机构之一的华侨城（OCAT）当代艺术中心正式对外开放，同年12月，首届深圳城市/建筑双年展在华侨城创意文化园南区开幕，吸引了国内外建筑界的目光。在2006年5月召开的第二届深圳文博会期间，华侨创意文化园正式挂牌，以OCAT当代艺术中心、艺术家工作室、画廊、时装等为支点，打造以创意设计、艺术文化、时尚休闲为主题的创意休闲产业聚集区，重点推进文化创意产业园区和特色文化创意街区建设，整体提升区域文化创意产业发展实力。

2007年，在南区创意文化园成功运作的基础上，华侨城北区升级改造项目启动。作为以创意设计和艺术创作的展示与交易平台、集"创意、设计、艺术"于一体的创意产业基地，华侨城北区以多家实力艺术设计机构、创意设计店铺等为支点，打造成以先锋音乐影像、创意设计为特色的文化创意街区。

2011年，华侨城创意文化园南北区整体开园。2019年4月开始，华侨城以"一轴一核两街多点"的思路对园区开展整体升级改造，形成配套优化、空间活化、氛围活化的街区新貌。目前，园区内的办公企业多为广告、设计、摄影等艺术文化创意类公司，还有一些概念餐厅、酒廊等创意特色的相关产业。如今，园区年产值实现近百亿元，成为国内最具有影响力的创意设计、文化艺术高地之一。

产业更新的三种模式有助于老工业区经济实现复兴，带来产业创新、商业消费、文化培育等多方面的发展活力，为推进老工业区更新提供经济支撑与资金保障，推动区域产业质效的提升，产业能级的跃升，产业量级的壮大，为区域转型提供新动能。但该模式也具有一定局限性。作为城市空间的一处巨大存量空间资源，老工业区兼顾着生产与生活功能，而该模式更多的是注重区域经济产业的更新，而可能存在对老工业区人居环境、综合承载等方面的忽视，在市政基础设施建设、公共服务体系完善等方面投入不足,造成老工业区产城融合缓慢,导致"潮汐式交通""空城"等现象,不利于城市整体空间格局的完善。

▶ 5.4 协同发展下的有机更新:多元融合

城市化的进程下,老工业区的更新不应是区域自身的简单更新,而是应将自身看作是城市的一部分,在方方面面与周边区域形成协同发展态势,并最终融入城市。此种更新方式往往需要政府的参与,在政府的引导下,进行功能、社会、空间等多维度的协同融合。在发展初期,多元融合的更新方式强调城市功能的完善,继而为新兴产业的培育和发展提供良好环境,随后老工业区逐步向综合城区转型,并显现出城市化的优势,发挥城市型经济的乘数效应,带动城市整体发展。

▶▶ 5.4.1 功能融合

功能融合是指老工业区与城区在城市基本功能层面的融合,并随着功能融合的逐步深化,最终更新成为集生产、生活、生态于一体的新兴城区。从2005年开始,工业遗产保护利用在政府参与下进入了新阶段。通过规划政策的调整,原有工业用地性质可调整为公共文化娱乐产业用地,配置文化设施、公共绿地等功能。例如,北京市规定城市更新要结合街区控制性详细规划编制,加强老工业厂区更新功能引导,优先保障交通市政条件预留、"三大设施"设置、绿地及开放空间等需求。鼓励通过用地置换的方式增加绿地、广场、应急避难场所等公共空间。因此,保护历史遗迹与提升区域功能与环境结合起来,体现了公益性和文化内涵。

▶ 上海徐家汇大中华橡胶厂改造为城市绿地景观

1926年,旅日侨商余芝卿和橡胶工业专家薛福二人共同出资8万银圆,筹建当时上海最早的橡胶工业企业和国内最早制造和出口轮胎的工厂——大中华橡胶厂。之后,随着上海产业更新迭代,许多企业产能进行外迁,橡胶厂厂区也在2007年闲置停产,在上海南部科技创新中心核心区的建设启动之后,沪闵路剑川路T型发展轴也被定位为零号湾创新创

图5-8　徐家汇公园大中华橡胶厂大烟囱

（来源：视觉中国）

业产业集聚区，而橡胶厂旧厂址正好处于T型轴的交会处，厂区内大量工业遗址亟需更新改造。

橡胶厂厂区处于大型商业街和高档住宅区之间，区位重要，厂区的更新改造意义重大。上海市政府在经过考察和规划之后，决定将橡胶厂厂区更新改造为开放式公共绿地，并把中心城区的徐家汇绿地、杨浦黄兴绿地、闸北大宁绿地等大型公共绿地，与橡胶厂进行整合，打造"徐家汇公园"。

徐家汇公园建设于2001年启动，占地8公顷，是一座体现"以人为本"理念、游人可自由出入的开放式公园。公园在建设过程中，其整体布局形似上海市区版图，并在中心区域建有上海老城厢微缩景观区。同时，保留原东方百代唱片公司作录音室的小别墅和中华民族工业象征的大中华橡胶厂大烟囱，将原厂区改造成开放式公共绿地，成为徐家汇公园的一部分。此外，公园还拓展了徐家汇地区的公共活动中心功能，衡山路和肇嘉浜路的景观道路也与园内景观融为一体，形成独特的"人在园中走，车在绿边行"的城市景观亮点（图5-8）。

徐家汇公园的建设促进了人与绿色自然的对话，满足人们的社交需求，对徐家汇地区局部的生态环境优化起到了十分重要的作用，将徐家汇城市副中心和高级住宅之间进行了有机衔接，在功能和景观上发挥了过渡作用。

▶▶ 5.4.2　社会融合

恢复与保持社会活力是老工业区更新的重要目标，社会的可持续性是更新过程中需遵循的原则。基于此，老工业区更新在刺激经济发展的同时，需要实现本地社会发展，让个人与社区发展需求得到满足，所涉领域包括居住、市政、医疗卫生、文化、教育、就业等基本需求。

从我国政府参与城市更新的情况来看，民生福祉的保障、和谐社会的构建，也被纳入老工业区更新的考虑之中。例如，住房城乡建设部和国土资源部联合发文《关于加强近期住房及用地供应管理和调控有关工作的通知》提出，鼓励房地产开发企业参与工业厂房改造，完善配套设施后改造成租赁住房，按年缴纳土地收益；广州和深圳规定拆除重建类住宅项目需配建一定比例的保障性住房，推进社会融合、保持社会活力是老工业区真正转变为城区的必由之路。

▶　**北京机电总厂改造为蓝领公寓**

北京的蓝领群体主要是快递员、服务员、保洁员等人群，蓝领群体收入不高，很难接受高价格房源，部分企业提供的宿舍又偏远，不方便，还有安全、卫生等问题，因此，北京蓝领群体一直存在居住难题。近年来，北京多次调整政策来保障住房安全，多渠道解决城市运行和服务保障行业从业人员住宿问题，促进职业和住房需求匹配。2018年，北京市三部门印发了《关于发展租赁型职工集体宿舍的意见（试行）》，提出可将低效闲置的厂房、商场、写字楼或酒店等非居住建筑改建为租赁型职工集体宿舍。实施以来，安歆乐寓、魔方9号楼等一批蓝领公寓逐渐成型。

北京市电机总厂也做了尝试，重点打造魔方798项目。项目共有两条产品线，一个是服务于企业客户的9号楼公寓，另一个是针对白领个人的魔方公寓。

9号楼公寓由办公楼、设备楼两栋老厂房改造而成，单室面积28平方米，共有152个房间，每个房间可以住四个人，类似学生宿舍，楼内有独立和共用两种卫浴。公寓主要服务于周边知名企业员工（酒店、餐饮业为主）及其他从事人力密集型产业的员工，此类人群收入不高，但对价格实惠、安全舒适的居住环境有着较高诉求。9号楼公寓将城市内闲置的厂房改造成集体宿舍，深受务工人群的青睐，在有效解决了低收入群体居住问题的同时，也避免了闲置房屋资源的浪费，并且改建的公寓距离近，对蓝领工作也方便，租金价格也合适，目前，4人间每个床位1400元/月，6人间、8人间价格也将进一步降低。

魔方公寓共有204个房间，单室面积25平方米，主要服务于在望京周边区域上班的白领，而这类人月收入普遍比较高，追求生活品质，能够负担得起高昂的房租费用。在公寓智能化方面，配备了智能门禁系统和人脸识别技术，使租客安全得到了充分的保障。总部的监控设备可以随时看到每个区域的动态，及时消除安全隐患。在公共区域内，配备有健身房、台球厅、沙发以及饮料自动售卖机，融休闲、办公、健身于一体。

在外部环境上，作为与798、751艺术区毗邻的一处新兴文化创意产业园区，北京电机总厂如今重新恢复盎然生机。曾经的工业遗存、高大厂房被充分利用，再加上三坡、六廊、十二桥、二十四水、三十六个亭台和6万多平方米的绿地，外部环境优美宜人，已成为周边居民休闲娱乐的特色场所。

▶▶ 5.4.3 空间融合

老工业区更新可以系统修复和修补城市肌理，工业城市到后工业城市的转变，需要城市空间同步转型调整。工业化时期，为实现工业化积累、提升生产效率，城市的空间组织方式以工业布局和生产要素的组织为核心，人的需求和城市本身的空间特征被置于次要地位，但随着城市其他地区的发展，大面积工业空间切割了城市整体空间肌理和结构，老工业区需要融入城市整体发展格局。

▶ **上海徐汇滨江地区打造滨水开放景观**

徐汇滨江地处上海黄浦江以西，具有地势开阔、河道纵横的地理优势，这里曾聚集了远东最大的龙华机场，中国第一个水陆联运的北票码头和上海第一个货运车站铁路南浦站等众多工业设施，是当时上海最主要的交通运输、物流仓储和生产加工基地。但随着上海布局的调整和传统产业的转移，徐汇滨江地带的工业功能也随之逐渐消失，成为城市变迁过程中的"铁锈地带"。

2010年开始，上海以世博会为契机，对浦江两岸进行更新改造，并在2017年提出"一江一河"世界级滨水区的发展目标，徐汇滨江也由此开始进行城区形态和公共空间的更新，成为上海市"十二五"规划的六大重点建设功能区之一。

徐汇滨江地区秉承规划引领、文化先导、生态优先、科技主导的发展理念，借鉴德国汉堡港、英国金丝雀码头的成功经验，围绕11.4公里岸线、9.4平方公里范围进行更新开发，是"上海2035"城市总体规划中承载全球城市核心功能的高品质中央活动区。通过运用"上海CORNICHE"的设计理念，对历史遗迹进行保护性开发，使原来的旧工厂、仓库脱去锈迹，变身美术馆、剧院，完成旧工业区的搬迁和更新改造（图5-9）。

其中的11.4公里的岸线，以打造开放性滨水空间为目标，将沿江岸线分为文化休闲区、艺术文化区和自然体验区三个部分，加高沿江路基，让人们可以近距离俯瞰江水拍岸，并修有休闲步道、滨水步道、自行车休闲道和有轨电车四条路线，方便人们进入滨江开放空间。设计者结合文化场馆、商业配套、独立建筑和临时设施四种滨水服务空间类型，分别从人性化、辨识度、共享性和活力值四个维度，构建绿色空间与建筑的共生共荣关系。例如，跑道公园改自龙华机场跑道，跑道公园的多功能草坪可以容纳3500人活动，还有高低起伏的跑道、休闲健身设施、咖啡厅等配套设施，满足多个年龄段市民的休闲需求。

徐汇滨江公共空间节点改造完成之后，2022年开始逐一开放，开放以来，单日游客量最高纪录达4万人，成为上海名副其实的必游滨水目的地，也成为市民们最喜爱的城市公共空间。滨江区域以开放的设计

图 5-9　上海徐汇滨江地区

（来源：视觉中国）

理念，较好地修复了原工业区与城市割裂的空间，从生产岸线转型至生活岸线，华丽转身为高密度城市中极富价值的开放空间。

多元融合模式下的老工业区有机更新，为织补城市功能而服务，更多地承接生态、交通、公共服务等功能，有助于推动工业区向城区加速融合，加快"厂区"向"街区"转型。老工业区应更新成为市民生活的载体，也应是孕育文明、沉淀文化的摇篮，更应承载人们的美好期望。该模式下，向城区的融入可能会牺牲掉一部分老工业区的文脉，区域的工业文脉可能变得不完整，原生文化也许支离破碎。

5.5 价值导向下的形象更新：品牌塑造

所谓区域形象，是指能够激发人们思想感情活动的地区形态和特征，是地区内部与外部公众对区域内在实力、外显活力和发展前景的具体感知、总体看法和综合评价。简单地说，社会公众对某地区（如城市、乡镇、街道等）的总体印象是该地区的区域形象。区域形象建设是现代化过程中继生产建设、公共设施建设之后迎来的区域发展的更高阶段。从老工业区这一区域来看，更新与复兴虽一字之差，但相隔甚远，要实现全面复兴，老工业区便不能止步于产业、功能等物质形态层面的更新，而是需要立足受众的认知与感知，从区域的形象上进行扭转，摆脱以往衰败形象，在受众心中形成新的定位。长此以往，具有独特性、可识别力的区域形象逐渐鲜明，老工业区就树立起了区域品牌。

▶▶ 5.5.1 人本价值导向下的宜居品牌塑造

站在城市更新的角度，城市发展的动能，是由"人"的动能聚合而成。因此，在城市更新的内容中，不管是针对建筑、交通、环境还是产业的措施，其核心问题都是解决"人"的发展问题。具体而言，之所以建筑需要更新，是因为"人"的使用舒适度很低；之所以交通需要更新，是因为"人"的使用不便捷；之所以环境需要更新，是因为不适宜"人"的健康生活；之所以产业需要更新，是因为不匹配"人"的生产发展需求。由此可见，城市更新的本质是"人与空间""人与环境"及"人与生产"的更新，即，城市更新的核心是"人"。老工业区也一样，作为城市的一处巨大存量空间资源，其更新的目标应是使区域具有现代化本质，并且为市民提供适宜的生活条件。"以人为本"是老工业区更新的一种主流价值导向，营造美好宜居的生活环境，是老工业区扭转负面形象、重构美好形象的基本内容。

▶ 西安中国人民解放军第三五一一工厂社区宜居品牌塑造

西安市中国人民解放军第三五一一工厂建设初期为后勤军需保障作出了重要贡献，曾是国内最大的毛巾厂，改革开放后，又为陕西省的外贸添砖加瓦。2000年，工厂一度获得"亚洲第一毛巾厂"的美誉。在当时城市产业发展"退二进三"的背景下，三五一一工厂几经浮沉，在2012年全部搬离。2019年，三五一一工厂启动更新改造。设计团队在深度调研的基础上，通过对原厂区工业遗产的设计和更新，形成了以社区服务为主，融合生活配套服务和文化体验，综合了国际视野和潮流时尚的复合型社区商业中心。

三五一一工厂在设计上坚持"微更新，轻改造"的改造原则，最大程度保留原建筑的风貌，最小程度上改造空间结构，在保留厂房记忆的基础上，重塑功能。对带有工业记忆和情感的原工厂低密度苏式厂房、锯齿形采光天窗、十米挑高中庭等进行保留，并融入当代的技术、功能和诉求，使参观者在新旧对比下发现历史的痕迹。在空间营造上，注重营造低密度、室内外结合的特色，采用局部镂空，提升内部空间舒适度和更多的公共空间。在景观营造方面，遵循新旧建筑相互尊重原则，基本全部保留原厂区的植物树木。在表现形式上，通过"线"的元素呼应原厂区纺织工业的背景，并将厂区遗存的制造设备改造成工艺装置，使整体性和自然环境之间产生联系。

在业态组合上，围绕"街区性文化创意中心+复合型社区商业中心"的定位，注重引入零售、餐饮、亲子、书店和周末创意集市等多元创新业态。例如，其中的两个重大项目——美好生活体验工厂和生活美学研究大院，前者致力于文艺气息的商业消费场景的打造，包括有米禾集市、特色餐饮、精致休闲Bar、亲子教育等业态组合；后者打破原始花卉市场老旧经营的面貌，赋予鲜花售卖新奇绚烂想象的新场景，花市的商户来自存在了20多年的西安最早花卉市场——秦美花市，但秦美花市在2020年7月拆除，而三五一一工厂则将这份生活和记忆保留了下来。

由老旧工业厂区改造而成的园区，持久的内容动力是其中的关键，保留工业遗存仅仅是第一步，给项目注入内生创新的内核则是不断带来新活力的另一个着力点。通过建立社区博物馆，收集展示生产工具，讲述原厂过去的故事，并举办"一个工厂的故事"征集活动，唤起人们对三五一一工厂的记忆。

同时，除了浓厚的市井烟火气息，三五一一工厂还有年轻的一面。例如，聚焦西安年轻人群体、自主打造的"花花大会"青年文化活动，通过展示西安新一代青年文化相关内容，吸引了众多文创品牌和大量年轻人前来参加。此外，还联合西安交通大学人文学院艺术系创作"花先生与鱼小姐"系列IP视觉，借由花和鱼的拟人造型，组合出"美好社区"的系列造型。除了对"花"和"鱼"的相关产业链进行文创提升，更多的是为生活美学提供优质场景，更好满足人们对美好生活的向往。

精致文艺的建筑空间、自由交互的社交平台、温馨的服务和富有人情味与生活气息的消费场景，让人们获得超乎想象的体验乐趣，这也是三五一一工厂项目在众多厂房更新改造项目中脱颖而出的原因。

▶▶ 5.5.2 人文价值导向下的产业品牌塑造

美国社会哲学家刘易斯·芒福德在《文化城市》一书中提出："城市是文化的容器，专门用来储存并流传人类文明成果，储存文化、流传文化和创新文化，这大约就是城市的三个基本使命"。随着城市建设逐步完成、人口增长稳定、产业转型创新，工业化带来的城市快速扩张期终结后，中国正在进入存量更新时代，文化积淀对城市发展的影响与作用日趋明显。同时，由于经济结构调整，"文化导向的城市复兴"理念日益深入人心，城市从"工业制造"向"文化产业"转型，文化价值通过经济变现与赋能得到了彰显。老工业区作为城市工业文化底蕴深厚的空间资源，需要兼顾工业文脉的传承发扬与经济社会全面转型更新，实现工业文化资源在结构、秩序和功能上的最大化与最优化，这样才能具有长久的生命力。

▶ 上海西岸文化艺术产业品牌塑造

上海西岸位于徐汇滨江区域，这里曾是20世纪民族工业的发源地和上海世博会的举办地，也是"上海2035"城市规划汇总高品质中央活动区核心功能的重要承载地，上海西岸并不只是一个地理名词，而是上海打造的一个以徐汇滨江为载体的区域品牌。

上海西岸项目以"上海CORNICHE"为设计理念，将生态、文化、科技相融合，项目覆盖整个开发区域，分成若干个小型片区、特色片区和功能性项目。例如，美术馆大道是其文化艺术品牌的核心内容，串联了龙美术馆、西岸美术馆、星美术馆、上海摄影中心和西岸剧场等20多处文化艺术空间。另外，上海西岸音乐节、建筑与当代艺术双年展等多个文化活动也备受追捧。西岸文化群已初具规模，在未来，这里将新建更多的展示馆、剧场舞台等文化亮点，使徐汇滨江成为上海最具文化品位和气质的滨水区域，打造成亚洲最大规模的户外艺术展区。

专栏5-2 上海西岸美术馆大道主要场馆

龙美术馆。龙美术馆由著名收藏家刘益谦、王薇夫妇创办,是国内最具规模和收藏实力的私立美术馆之一,现有浦东馆和西岸馆两个场馆。龙美术馆(西岸馆)选址原北票码头,于2014年3月28日建成开馆,建筑总面积约33000平方米,展示面积达16000平方米。

油罐艺术中心。油罐艺术中心是一个多功能的艺术中心,由五个油罐组成,三个油罐连接作为美术馆展览空间。这些油罐的前身是龙华机场的储油罐,油罐内是丰富的展览空间,而油罐外的公园,则与自然融为一体。这里不仅是高雅艺术的殿堂,同时也是一个集休闲娱乐与放风郊游于一体的打卡好去处(图5-10)。

西岸美术馆。西岸美术馆由英国著名建筑师戴卫·奇普菲尔德带领的建筑事务所担纲建筑设计,历时三年建造完成,于2019年11月8日正式开馆。美术馆地块呈三角形,顺着广场东侧边缘的台

图5-10 上海西岸美术馆大道油罐艺术中心

(来源:视觉中国)

阶而下，可至邻近河岸的休息平台。秉承"让中国看到世界，也让世界看到中国"的文化宗旨，西岸美术馆与蓬皮杜中心以相同的愿景为基石，展开五年展陈合作项目，遵循开放融合的交流精神，开启中外文化对话交流模式的全新探索。

西岸艺术中心。西岸艺术中心场馆选址原上海飞机制造厂厂房，位于龙腾大道 2555 号，由大舍建筑事务所柳亦春担纲改造设计。总建筑面积达 10800 平方米，除两层主展示空间外，兼有 VIP 会议间、讲座室、展演楼梯、停车场等功能区域，配套设施完备。

余德耀美术馆。余德耀美术馆由原上海飞机制造厂机库改造而成，位于龙腾大道丰谷路口，总建筑面积 9000 多平方米，由著名印尼华人收藏家余德耀先生及其基金会投资，日本知名建筑师藤本壮介担纲设计，于 2014 年建成开馆。项目改造过程中保留了机库的原有结构和外观，其基本设计是希望在维持原有的老机库风格基础上，通过对青葱树木和明亮开放型玻璃厅的规划利用，重新设计建筑空间以适应庞大展览的需求。在尊重历史的前提下，历经变革的老机库令美术馆富有视觉冲击力与历史的沧桑感，而新建的玻璃大厅则让其充分体现亲和力，二者融为一体，是当代建筑史上新老融合的代表作之一（中国十大民营美术馆）。

星美术馆。2022 年 12 月 30 日，经过 8 年筹备和建设，位于美术馆大道最北端的一颗"星"——星美术馆正式开馆，并带来主题为"开启 START"的首展，为期 5 个月的展期中，将展现来自全球 85 位艺术家的 88 件当代艺术佳作。星美术馆由原铁路南浦站十八线仓库改造而成，保持了原建筑轮廓，强化与开放空间的联系。美术馆特意保留了坡状的屋顶形式，形成室外公共区域遮风挡雨的缓冲空间，屋顶的金属材料和玻璃天窗完美结合，幕墙和玻璃随着光线的变化，呈现微妙而自然的景观效果。

上海摄影艺术中心。上海摄影艺术中心位于龙腾大道 2555 号 -1，由国际著名摄影艺术家刘香成先生创办、美国建筑师组合 Sharon Johnston ＆Mark Lee 担纲设计，总建筑面积 500 平方米，旨在打造上海首家具有美术馆规格的摄影艺术场馆。中心通过国际艺术家所展现的摄影艺术作品，引导普通观众进入摄影的世界，重新定义摄影这一艺术领域至关重要的媒介，并为本土观众与艺术家提供国际化的视野，为发展中的中国摄影打开交流之窗。于2015年5月22日建成开馆。

西岸文化艺术示范区。示范区位于龙腾大道龙兰路路口，西岸艺术中心北侧，已于2015年9月8日正式对外开放，总建筑面积约7375平方米，共由18处建筑组成，包括上海摄影艺术中心、丁乙工作室、铁海工作室、新世纪当代艺术基金会、乔空间、FU艺术空间、例外艺术设计中心、致正建筑设计事务所、梓耘斋、大舍建筑设计事务所、目外工作室、艾可画廊、香格纳画廊、池社、东画廊、SSSSTART、大田秀则画廊、上海国际艺术品交易中心等国内外优秀文化机构，旨在打造汇聚国内外顶尖艺术家、建筑师和设计机构的文化聚合区，为西岸文化产业集聚起到良好的示范作用。

西岸首家艺术酒店——西岸美高梅酒店、首座1600座国际级剧院——西岸大剧院以及西岸穹顶艺术中心将逐步亮相、投入运营，"西岸文化走廊"品牌工程建设的脚步从未停歇。

目前，上海西岸这个伴水而生的城市文化中心，已成为上海集聚公共活力的新都市地标。而作为上海"一江一河"沿线璀璨的文化艺术地标——西岸美术馆大道，历经十年的深耕和发展，汇聚近三十处文化载体，也已成为亚洲最大规模的艺术区。自开放以来，单日游客接待数量屡破纪录。西岸滨水公共空间不单是艺术的圣地、打卡的天堂，更是喧闹都市中的城市绿色客厅，使徐汇滨水区域成为人们喜爱的城市公共空间。

品牌塑造模式下的老工业区更新，以区域形象定位为基准，一切更新与建设活动围绕形象定位进行精细化设计，能快速扭转老工业区衰败的整体形象，有效提升老工业区的形象吸引力，区域的影响力和美誉度也随之提升，从而实现老工业区由更新走向复兴。但老工业区依托品牌塑造不是短平快的区域更新手段，见效周期长，难度大，形象定位需要力求精准、精细，同时对宣传、营销等手段要求较高，需要紧跟媒体迭代步伐，做足对区域内容、亮点的宣传，构建多种媒体宣传矩阵，形成高效的宣传推广机制。若没有紧紧围绕形象定位，在区域空间规划、产业布局、宣传营销、公共服务体系建设等方面形成统筹，对标形象定位全面发力，老工业区的更新则会变得低效，容易陷入发展困境，区域的全面复兴也将难以实现。

参考文献

[1] 坐着地铁看北京：从老工业区到顶级商务区，在北京CBD感受世界金融脉动，北京商报，2021(11).

[2] 刘伯英，李匡，杨福海，等.工业用地更新背景下北京旧工业建筑保护利用的回顾与展望[J].世界建筑，2023(4).

[3] 刘成，李浈.浅论上海工业遗产再生模式：世博背景下工业遗产的昨天、今天和明天[J].华中建筑，2011.

[4] 章菲，于婧，聂艳，等.工业遗产保护研究现状与展望[J].科技经济市场，2013(9).

[5] 鞍山钢铁厂工业遗产群：我国最完整的活态工业遗产群，工业旅游规划与研究，2021(12).

[6] 马斌，李亚健.鞍山钢铁厂工业遗产群现状与保护分析[J].遗产与保护研究，2018(4).

[7] 俞孔坚，庞伟.理解设计：中山岐江公园工业旧址再利用[J].建筑学报，2002(8).

[8] 建筑可阅读：黄浦江边这座曾经的百年发电厂，如今变身城市生活新空间，上海发布，2022(10).

[9] 叶青，唐魁，郭永聪.既有城市工业区更新改造模式探析[J].南方建筑，2020(10).

[10] 长阳创谷：从"纺织旧厂"向"世界级创谷"的蝶变，地产学堂，2023(3).

[11] 大连熊洞街，点亮一个老工业地标的"流量"之路，文旅瑾观，2022(9).

[12] 产业园：华侨城创意文化园，DSK大时空，2023(2).

[13] 邓璐.室内设计在创意产业新思维的跨界研究[D].大连：大连工业大学，2016.

[14] 刘海生.徐家汇公园是如何规划的[J].优曼规划与建筑设计，2020(11).

[15] 蓝领公寓赛道加速度，魔方798项目有何源动力？睿和智库，2020(1).

[16] 西岸再发现，涅槃重生的滨江空间，乐游上海，2023(1).

[17] 逯若兰.山城健步道路面坡度设计研究[D].重庆：重庆交通大学，2023.

[18] 张振鹏.叁伍壹壹TFEP：工业遗存的新故事，研究，2023(3).

第3篇

突围与创新

首钢搬迁调整是党中央、国务院做出的重大决策。自2005年实施搬迁调整改造以来，首钢老工业区始终坚守首都城市战略定位，紧紧围绕打造新时代首都城市复兴新地标的战略部署，跳出推倒重建走地产开发的老路子，开辟了城区老工业区城市更新的新路径，初步形成了有典型示范意义的"首钢模式"，取经的城市纷至沓来。首钢老工业区的城市更新经验已在全国范围推广，并应用于部分老工业区、老厂区的调整改造。系统梳理首钢老工业区更新改造经验，尤其是其中的探索创新之处，将进一步推动全国老工业区的更新。

第6章

道路突围

首钢搬迁是党中央、国务院作出的重大决策，也是优化首都城市功能、调整重大生产力布局、促进首都人口资源环境协调发展的重大战略举措。首钢搬迁后，留下的原厂区约9平方公里宝贵土地资源何去何从？这将是关系首钢转型发展、京西产业结构优化升级、北京城市功能优化调整的大事，受到国家、北京市及社会各界的高度关注。

▶ 6.1 道路之争："十里钢城"何去何从

从北洋时期开始，首钢的炉火在京西燃烧了近百年，一座座铁水奔流的高炉构成了"十里钢城"的火热画卷。2005年国务院批复《首钢实施搬迁、结构调整和环境治理方案》，要求北京市尽快对首钢原厂区的土地利用方案做出长远规划。随着2010年底停产，曾经机器轰鸣的首钢老厂区日渐沉寂，曾经的"十里钢城"何去何从？围绕首钢老工业区的未来，当时还存在一系列的争论和探讨。"不能再走原来的老路发展工业"已成为共识，但是工业生产设备是"保留"还是"拆除"？土地是用来"开发房地产"还是"转型发展高端产业"？发展道路如何选择依然是摆在首钢面前的首要问题。

在首钢停产过程中，首钢老工业区道路选择经历了一个曲折过程，主要有以下几种不同声音。

一是推倒重建开发房地产。随着城市化加速推进和经济迅猛发展，当时全国房地产市场呈现出蓬勃的发展态势，许多老工业区都通过房地产开发实现了转型发展，如沈阳铁西区等。首钢老工业区坐落在长安街西延长线上，随着北京城的扩展，已经被纳入到主城区发展范围内，交通便利、配套齐全，周边房价不断攀升。当时有些声音提出，首钢搬迁遗留的工业设施没有再利用的价值，闲置后非常容易锈蚀，定期维护做防锈处理又是一大笔开支。厂区原址利用最简单快速通用的做法就是"推倒重建"，可以更快满足城市发展的住房需求。首钢老工业区位置优越，如果用于开发房地产，将会是一个快速且高效的方式。且首钢老工业区面积将近9平方公里，是中心城区最大的一块山环水抱的待开发地区，其开发价值巨大，也可以迅速回笼资金，用于弥补搬迁过程中的巨额成本。

二是培育发展高端产业。在2000年左右，首钢就已从一个单纯生产型的钢铁企业，发展成为一个以钢铁业为主，兼营矿业、机械、电子、建筑、海外贸易等多种业态的跨行业、跨地区、跨所有制、跨国经营的大型企业集团。另一种声音主张，首钢老工业区转型发展高端产业，走可持续发展道路。在搬迁之前，首钢已是北京最大的国有企业，拥有产业工人数量占全市的六分之一，首钢搬迁将会对北京的经济产生很大影响。随着涉钢产业搬迁，北京地区仍保留总部、研发体系和其他非钢产业。如何培育替代产业，支撑全市产业发展将成为首钢的重要使命。与此同时，北京西部山区也加快了采矿、采石等资源型产业退出步伐，京西地区面临产业全面转型的压力，亟需培育替代产业，支撑区域经济发展。而首钢老工业区具有发展高端产业的良好基础，可充分利用百年首钢积累的品牌、人才、技术、资金等力量，大力培育新兴高端产业，打造北京市和西部地区产业转型的龙头和引擎。

专栏6-1 首钢未来不姓"钢"

为了适应首都经济的发展，以及保护环境的需要，1991年首钢就提出"首钢未来不姓'钢'"的口号，不断调整产业结构，拓宽生存空间，大力发展以高新技术为龙头的非钢产业。1995年首钢公司决定钢产量保持800万吨的规模，不再扩大。在钢铁主业发展的同时，逐步涉猎采矿、机械、电子、建筑、房地产、服务业、海外贸易等多种行业，兼并了长治钢铁、通化钢铁、贵阳钢铁、水城钢铁、伊犁钢铁，在香港收购了四家上市公司，收购了秘鲁铁矿，成立了华夏银行等。首钢从一个单纯生产型的钢铁企业，逐步发展成为以钢铁业为主，跨地区、跨行业、跨所有制、跨国经营的特大型联合企业。2000年首钢提出新世纪发展战略是：由传统产业向高新技术产业转型，重点是积极推进战略性结构调整，实施三大发展战略，即大力发展高新技术产业、房地产业和服务业；用高新技术改造钢铁业、机械业和建筑业；积极发展海外事业。

三是保护利用工业遗产。囿于人们当时对工业遗产保护还缺乏认知，保护首钢百年工业遗产的声音还未能形成较大影响力。首钢经过北洋、民国、日伪、新中国百余年发展，厂区内留下了大量见证民族钢铁工业发展的遗存，成为中国近现代工业发展的缩影。在首钢老工业区的改造问题上，人大代表、政协委员建议，区域未来发展要在做好工业遗产保护传承的基础上开展。北京市先后收到十几份议案、提案，主要是围绕首钢工业文化遗产合理保护问题。单霁翔等政协委员提出，要加强转产后首钢工业遗产保护与利用，不能因为首钢搬迁失去对这座钢城的记忆，一些标志性的工业建筑和设施要作为工业文化遗产永久保留。通过认定和保存首钢具有多重价值和个性特点的工业遗产，对于提升城市文化品位，维护城市特色风貌、改变"千城一面"的城市面孔、保持生机勃勃的文化活力，具有特殊意义。建议要抓紧编制首钢工业遗产保护规划，科学界定首钢工业遗产的核心价值，将具有重要保护价值的工业遗产及时申报公布为全国重点文物保护单位，使之得到科学保护；探索首钢工业遗产保护性再利用途径，在确保其核心价值得到完整保护的前提下，积极探索首钢工业遗产保护性再利用的合理渠道与途径。随着工业遗产保护受到国际社会关注，做好首钢老工业区工业遗产保护的呼声也日益高涨。

专栏6-2　首钢工业遗产

2018年，首钢老工业区入选第一批中国工业遗产保护名录。

主要遗存包括：高炉、转炉、冷却塔、煤气罐、焦炉、料仓；运输廊道、管线，铁路专用线，机车、专用运输车；龙烟别墅。

入选理由：华北地区最早的近现代钢铁企业之一；1919年从美国进口的高炉；顶燃式热风炉和无料钟炉顶技术为首钢自主发明的世界尖端炼钢技术，后来由它们开了中国向国外出口炼钢技术的先河；中国第一座氧气顶吹转炉，中国第一个氧气顶吹转炉炼钢厂、国内最大的小方坯连铸炼钢厂、国内规模最大的现代化线材生产厂；当时先进水平的30万吨轧钢生产线；20世纪70年代全国十大钢铁企业之一；曾占北京市利税1/4，首推企业承包制；国内目前保存最完整、面积最大的钢铁工业生产厂区。

6.2 道路选择：跳出房地产、超越CBD

在首钢老工业区，围绕以"拆"为主和以"保"为主的不同道路选择，其实质是短期利益与长远效益、经济利益与综合效益的博弈。以"拆"为主的房地产开发确实能够带来显著的经济效益，有助于企业资金的快速回流和再投资，但是这将对首钢工业遗产造成毁灭性破坏。在综合衡量和长远考虑下，最终首钢老工业区选择了跳出房地产开发的老路子，选择了因地制宜有机更新、全力发展高端产业的新路径。

6.2.1 首都功能定位调整为首钢老工业区转型发展指明了道路方向

2005年1月，在批复《首钢实施搬迁、结构调整和环境治理方案》之前，国务院正式批准了《北京城市总体规划（2004年—2020年）》，明确了北京市四大功能定位：国家首都、国际城市、文化名城和宜居城市。提出首都经济发展策略：一是坚持以经济建设为中心，走科技含量高、资源消耗低、环境污染少、人力资源优势得到充分发挥的新型工业化道路，大力发展循环经济。注重依靠科技进步和提高劳动者素质，显著提高经济增长的质量和效益。二是坚持首都经济发展方向，强化首都经济职能。依托科技、人才、信息优势，增强高新技术的先导作用，积极发展现代服务业、高新技术产业、现代制造业，不断提高首都经济的综合竞争力，促进首都经济持续快速健康发展。加快产业结构优化升级，不断扩大第三产业规模，加快服务业发展，全力提升质量和水平。规划还确立了"两轴两带多中心"城市空间结构，首钢老工业区位于西部发展带和东西轴—长安街延长线的节点位置。

针对首钢老工业区搬迁，北京市城市总体规划明确提出，结合首钢的搬迁改造，建设石景山综合服务中心，提升城市职能中心品质和辐射带动作用，大力发展以金融、信息、咨询、休闲娱乐、高端商业为主的现代服务业（图6-1）。

图6-1 北京城市总体规划布局图

▶▶ **6.2.2 石景山区功能定位调整为首钢老工业区发展高端产业提供了现实依据**

"十一五"时期，随着首钢搬迁战略调整的实施，石景山区结合区域资源优势，提出了"打造北京CRD，构建和谐石景山，建设现代化首都新城区"的发展目标和"三步走"发展战略，以文化创意、高新技术、商务服务、现代金融和旅游休闲五大产业为发展重点，积极推进工业重地向生态绿城的转变。立足石景山区的"山水轴园"优势和深厚的"京西文化"底蕴，以建设现代化首都新城区为目标，以发展现代服务业、高新技术产业为先导，大力营造生态良好的城市环境和健康时尚的文化氛围，努力打造集文化创意、休闲娱乐、商务金融、高新技术、旅游会展等功能为一体的首都文化娱乐休闲区。首钢老工业区为石景山区产业结构调整提供了巨大的潜力和空间。

▶▶ 6.2.3 工业遗存保护意识增强是首钢选择保留工业遗产的催化剂

2006年国家文物局召开中国工业遗产保护论坛，首次提出将工业设施作为文化遗产来保护。时任国家文物局局长的单霁翔就曾呼吁："当前大兴土木的热潮中，一些尚未被界定为文物、未受到重视的工业建筑和旧址，正急速从城市中消失，我们必须像对待历史文物那样对待工业遗产"。此次会议首次公布了中东铁路建筑群等9处工业遗址入选国家重点文物保护单位，标志着我国工业遗产保护与开发正式列入国家政策保护层面。随着对工业遗产的关注和保护意识明显增强，首钢老工业区"保留"工业遗产逐步形成共识。

▶▶ 6.2.4 市委市政府高度肯定"没有钢铁的'新首钢'"

2010年4月17日，北京市时任市长郭金龙同志调研首钢时提出首钢原厂区规划建设要"跳出房地产，超越CBD"，要进一步解放思想，拓宽视野，立足于建设世界城市，规划建设好首钢老工业区。首钢对工业遗产的保留再利用已经成为一种积极主动的行为，延续首钢地区工业特色风貌作为一条主线贯穿各个项目设计概念的核心。不仅仅因为这一与生俱来的特点将成为首钢地区的标志，带来无限的区域活力和发展潜力，还因为工业遗产改造契合存量发展这一城市发展的宏观方向，给予首钢发展机会和空间。

2011年1月北京两会期间，北京市时任市委书记刘淇在参加石景山区代表团分组审议时强调，"首钢原址切勿大搞房地产，盖一堆住宅楼而没有产业，对石景山区的可持续发展将是很大的浪费"。首钢搬迁后，该地的空气质量转好，加上国家批了首钢未来发展为"服务业综合改革试点区"，其发展前景将会很好。

2011年2月10日，刘淇、郭金龙到首钢调研，提出了"新首钢高端产业综合服务区"的定位要求，强调首钢老工业区要实现跨越式发展，再造一个新首钢。提出要坚持高起点、高标准规划建设首钢老工业区。要有战略眼光、国际视野，切实把握全球科技革命和新兴产业发展的大趋势，抓住北京建设中国特色世界城市的发展机遇，以不断超越的勇气和胆识，推动新首钢未来的发展。要进一步完善首钢主厂区改造规划，瞄准高端产业形态，加快引进一批高质量项目，抢占未来发展制高点。要真正把搬迁调整变成一个跨越式发展的过程，努力打造大城市工业区搬迁改造、创新发展的成功范例。要进一步明确主厂区的功能定位，通过形成倒逼机制，在搬迁调整中，既要实现区域的跨越式发展，又要把首钢自身打造成具有世界影响力的综合性大型企业集团。

同年，《北京市国民经济和社会发展第十二个五年规划纲要》发布，提出构建"两城两带、六高四新"的创新产业发展格局，打造全市高端产业发展的重要载体。"四新"的提出分别将通州高端商务服务区、丽泽金融商务区、新首钢高端产业综合服务区、怀柔文化科技高端产业新区相关功能区纳入了城市经济高地的范畴。有着近百年历史的首钢工业区，无疑在"四新"中最夺目。新首钢高端产业综合服务区作为"四新"之一，要吸引制造业企业总部和研发中心，成为产业转型升级示范区。

2014年，《北京市人民政府关于推进首钢老工业区改造调整和建设发展的意见》(京政发〔2014〕28号)发布实施，作为首钢老工业区更新改造的纲领性文件，明确了其改造调整和建设发展的道路主线和主要任务。意见提出，首钢老工业区已被国家确定为首批城区老工业区搬迁改造试点，范围包括首钢主厂区、首钢二通厂区、首钢特钢厂区、首钢第一耐火材料厂区，面积约9平方公里。推进首钢老工业区改造调整和建设发展，要立足首都城市战略定位，坚持以城市功能精细再造和产业结构深度调整为导向，以生态园区和智慧园区建设为重点，科学规划，有序推进，推动首钢老工业区实现产城融合，促进区域人口、资源、环境协调可持续发展。其主要任务包括深入挖掘首钢老工业区工业遗存的历史价值，科学做好工业遗存保护；培育构建现代产业体系，突出科技创新和文化创新双轮驱动，紧抓产业链和创新链高端环节，吸引中央企业、民营企业、华商侨商等国内外优势资源落户；创新土地开发利用模式，按照优先保障首钢总公司在京发展新产业用地需求的原则，采取自主开发建设、产业定向开发和土地开发上市相结合的方式，加快推进首钢老工业区土地开发再利用；先行推进基础设施建设，坚持高起点规划、高标准建设、精细化运营，适度超前建设一批重大功能性基础设施；提升公共配套服务能力，立足首钢老工业区发展和高端产业新区建设需求，建立功能完备、运营高效、布局合理的社会公共服务体系。同时，意见提出了供地政策、土地收益、投融资模式、审批制度改革、招商选资、健全工作机制等六大政策措施。

▶ 6.3 功能定位持续深化：新时代首都城市复兴新地标

在明确了转型发展道路和方向后，首钢老工业区随着北京市发展建设转型，持续深入落实首都战略定位、完善城市功能，高标准、高起点赋予了其全新功能定位。

传统工业绿色转型升级示范区、京西高端产业创新高地、后工业文化体育创意基地。2016年围绕"建设一个什么样的首都，怎样建设首都"这一重大问题，北京市编制了新版《北京城市总体规划（2016年—2035年）》，以长安街西延长线为统领，与北京城市副中心东西呼应，赋予了首钢高端产业综合服务区全新功能定位：传统工业绿色转型升级示范区、京西高端产业创新高地、后工业文化体育创意基地（图6-2）。

新时代首都城市复兴新地标。2017年9月，在北京城市总体规划实施动员部署大会上，时任北京市委书记蔡奇强调"首钢地区应成为城市复兴新地标"。2018年8月，蔡奇书记、陈吉宁市长调研新首钢地区规划建设，要求"新首钢地区要打造新时代首都城市复兴新地标，实现文化复兴、生态复兴、产业复兴、活力复兴"。2019年北京市发布《加快

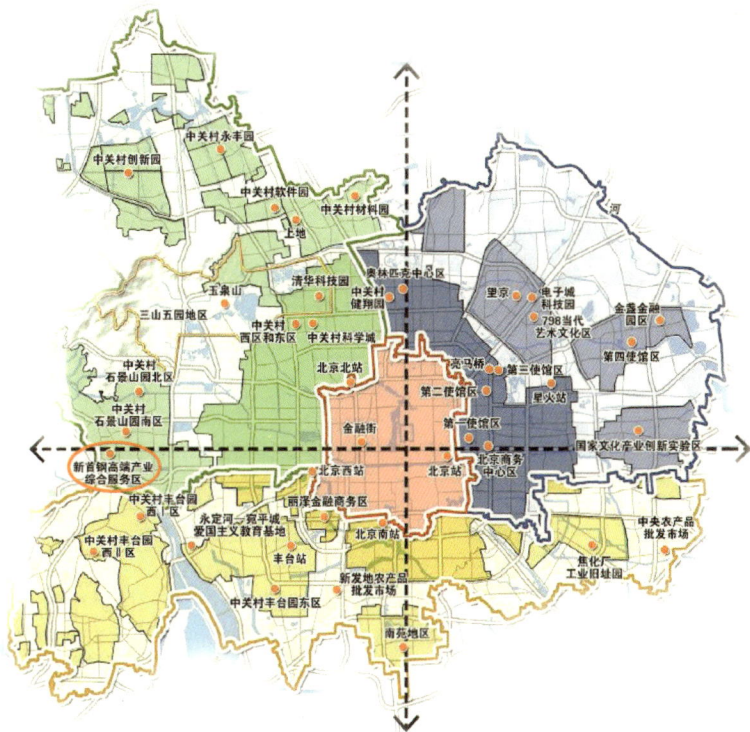

图 6-2 新首钢高端产业综合服务区示意图

新首钢高端产业综合服务区发展建设 打造新时代首都城市复兴新地标行动计划（2019年—2021年）》，行动计划将打造城市复兴新地标与冬奥会筹办、老工业区有机更新、绿色高端发展紧密结合，坚持减量发展，严控建设规模和人口规模，推广绿色智能新技术，培育创新发展新动能，挖掘文化发展新内涵，努力实现多约束条件下超大城市中心城区文化复兴、产业复兴、生态复兴、活力复兴，力争到2035年左右，把新首钢高端产业综合服务区建成具有全球示范意义的新时代首都城市复兴新地标。2022年北京市发布《深入打造新时代首都城市复兴新地标 加快推动京西地区转型发展行动计划（2022—2025年）》，强调要紧紧抓住北京冬奥会和服贸会的有利契机，以新首钢高端产业综合服务区为发展引擎，以产业转型为主攻方向，以治理转变为基础支撑，以活力振兴为关键驱动，提升功能承载力，坚守绿色生态本底，实现经济社会发展与人口、资源、环境相协调，建设好首都西大门。

参考文献

[1] 王立新.首钢大搬迁[M].石家庄：河北教育出版社，2009.

[2] 首钢总公司发展研究院.凤凰涅槃[M].北京：人民出版社，2009.

[3] 首钢总公司发展研究院.浴火重生[M].北京：人民出版社，2011.

[4] 北京市城市规划设计研究院等.首钢老工业区转型发展与规划实践[M].北京：中国建筑工业出版社，2022.

[5] 《百年首钢编委会》.百年首钢[M].北京：中央文献出版社，2019.

第7章

规划突围

首钢老工业区更新任务复杂，对规划编制和实施也提出了很高要求。北京市坚持以工业遗存保护利用为主线，建立了多层次多维度的规划体系，"十年磨一剑"绘制了一幅恢宏的发展蓝图。

▶ 7.1 规划困境

规划是首钢老工业区更新改造面临的头道难题。老工业区要更新建设成什么样，以及怎么样建设老工业区，是必须要解决的问题。但首钢老工业区转型具有长期性、特殊性与复杂性，这对规划编制和实施也提出了很大挑战。

▶▶ 7.1.1 规划周期具有长期性和阶段性

纵观全球老工业区的更新改造，一般都需要经过20～30年以上的漫长周期，这就要求其规划能够展望更加长远发展时期，以适应不同阶段发展战略调整带来的新变化新要求。不同于国内外其他破产搬迁的老工业区，首钢老工业区是主动停产搬迁后的转型更新。自2005年国务院批准首钢搬迁调整方案以来，首钢老工业区大致经历了压产停产（2005—2010年）、启动改造（2011—2015年）、冬奥筹办（2016—2022年）和后冬奥时代（2023年至今）等四个重要阶段，以上各个阶段对首钢老工业转型都带来巨大影响，且要求不同、任务不同，这就决定了首钢老工业区的更新规划编制不是一蹴而就的，需要在动态调整中不断深化完善。

▶▶ 7.1.2 规划任务具有复杂性和不确定性

传统工业区更新改造承载的历史使命与一般新建区不同，需要面对复杂的现实问题，需实现社会、经济、文化、环境等综合转型发展目标。首钢老工业区转型发展是一个复杂的系统工程，不同于一张白纸绘蓝图，其规划是在有工业遗产底色的图纸上绘制而成的。一方面其规划基础更加复杂，历经近百年工业发展积淀，9平方公里的首钢老工业区内留下了大规模的工业遗存，大量的工业建（构）筑物、文物、绿化、水域、山体、道路、铁路、管廊关联度强、覆盖面积广和布局分散性强。首钢老工业区长时间发展形成了以企业为主导的基础设施建设模式，其水、电、气、热的供给和污水处理主要依靠厂区内的相关设施，呈现高度的独立与自治性，厂区内现状道路系统独立于外围城市系统，增加了现状与规划基础设施体系逐步有序联通的难度。另一方面，产业转型作为区域转型的核心任务，其发展还存在较大不确定性，文化创意等新兴产业发展不稳定，区域内先期入驻产业存在较大不确定性。

▶▶ 7.1.3 规划实施面临条件制约和审批约束

首钢老工业区规划实施还面临一系列用地、审批等制约。在用地功能管制方面，首钢老工业区土地原为工业用地，新的功能定位明确后，需要对空间布局、用地布局进行规划设计，核心任务是改变原工业用地性质，明确新型产业用地、商业用地或者居住用地空间布局。在变更土地性质过程中，部分工业构建筑物改造后无法适应功能复合化需求，使用功能受到管制，不利于激发发展活力。在地块指标落实方面，由于首钢工业遗存地下空间资源和地面空间资源有限，在实施改造中相关规范和标准所要求的地块附属绿地、结建人防工程、配建停车位等要求难以在地块内解决，常规城市规划要求的建筑密度指标难以落实。在建设指标分配方面，由于部分工业建筑改造基础和结构方面存在较大的不确定性，需要根据结构检测确定工业建筑改造合适的荷载和层数，部分工业建筑改造是建筑与景观融合的一体化设计，如二型材厂房将中间部分改造为共享公共空间轴，局部嵌入开放庭院，这些与公共空间结合的设计在规划阶段难以预计，在规划阶段，工业建筑的改造项目建筑规模难以确定，这给规划项目落地实施造成了一定影响。

▶ 7.2 规划突围

为破解老工业区更新改造周期长、任务复杂多变的客观情况，首钢老工业区构建了动态规划体系，更新采取"进行式"规划，在动态调整中不断深化完善。这种"进行性"规划方法将理论层面的"动态规划"意识应用于传统工业区更新改造中，针对这一特定研究对象所呈现的规划复杂性与改造长期性，以创新的规划理念与方法体系解决城市发展进程中此类地区的系统性问题，支撑综合性发展目标的全面贯彻落实。

▶▶ 7.2.1 思深益远，谋定后动——《首钢工业区改造规划》在炽热钢花飞溅中出炉

超前启动首钢老工业区规划前期调查研究。自2005年国务院批准《首钢实施搬迁、结构调整和环境治理方案》之后，首钢厂区的改造规划随即提上日程。首钢搬迁调整所带来的影响是复杂而多面的，眼前面临的困难和未来发展的方向都要综合考虑，包括首钢停产后对地区经济下滑、职工安置和社会稳定等的影响，以及污染环境治理、工业遗存再利用等问题，最为重要的是厂区未来何去何从？特别是主厂区停产后的土地利用将影响城市格局和发展形态，因此在停产搬迁之后对首钢主厂区的研究和规划就变得尤为重要，规划需全面考虑地区经济结构调整、替代产业的发展、劳动力就业岗位的安排、城市发展战略、生态环境恢复、城市景观重塑等各方面的因素。首钢搬迁后，北京市非常重视原厂区7.07平方公里土地资源利用问题，做了大量前期研究，组织开展了5项专题调查研究，包括《国内外老工业区改造案例研究》《首钢工业区现状资源调查及其保护利用深化研究》《首钢工业区产业发展导向的深化研究》《首钢地区土壤及地下水污染调查和生态环境恢复治理方案》《永定河流域生态环境治理、水体景观恢复和水资源配置研究》，专题研究为规划编制提供了有力支撑。

2007年首钢工业区首个改造规划出炉。2007年4月《首钢工业区改造规划》以及相关的交通、市政工程规划方案综合等均获得北京市政府批复并发布实施，成为指导首钢老工业区规划持续深化细化的纲领性文件。规划全面考虑了生态环境恢复、城市景观重塑、地区经济结构调整以及产业发展、劳动力就业岗位安排等各方面的因素，将首钢老工业区定位为北京"城市西部综合服务中心、后工业文化创意产业区"。在空间系统规划中，首次提出首钢地区改造应推动城市西部协作发展区全面改造转型，首钢及其协作发展区是城市西部的重要节点和有潜力升级改造的地区，将发挥缓解中心城功能集聚状态和完善城市未来功能的作用。规划确定了首钢工业区占地面积8.56平方公里、总建筑规模902万平方米（首钢权属范围内建筑规模约732.7万平方米），划分为工业主题公园、文化创意产业区、行政中心、综合服务中心、滨河生态休闲区、总部经济区和综合配套区等组成的7大功能区。

▶▶ 7.2.2 破而后立，晓喻新生——《新首钢高端产业综合服务区控制性详细规划》精彩亮相

▶ 1. 启动首钢工业区控规编制

2011年以首钢主厂区全面停产为起点，首钢老工业区进入更新改造阶段，需要进一步明确老工业区改造开发启动区和时序，这就要求对首钢工业区改造规划进行深化调整。2010年9月首钢总公司向市政府提出《关于对07版〈首钢工业区改造规划〉深化调整的请示》，建议根据新形势、新要求对《首钢工业区改造规划》进行调整。

2011年《北京市国民经济和社会发展第十二个五年规划纲要》提出将新首钢高端产业综合服务区打造为全市高端产业发展的重要载体之一，要吸引制造业企业总部和研发中心，成为产业转型升级示范区。同年北京市政府印发《关于加快西部地区转型发展的实施意见》，提出重点打造"一核"——新首钢创意商务区，以首钢主厂区为核心，重点发展数字娱乐、工业设计等文化创意产业，商务、金融、会展等生产性服务业，电子信息、节能环保、新能源等高技术产业和高端制造业，积极吸引国内外大中型冶金、装备等制造业企业总部入驻，打造全国首个

"制造业总部集聚区"。鼓励设计机构入驻，打造"设计之都"核心区，将首钢协作区逐步建设成为高端要素聚集、创新创意活跃、总部特征明显、生态环境优美的新首钢创意商务区。新首钢高端产业综合服务区将成为西部地区"一核、两区、三带"产业布局的核心区，未来将成为带动西部地区转型发展的重要引擎。

▶ **2."首钢工业区"实现向"新首钢"的转变**

根据2011年1月北京市政府发布的《北京市国民经济和社会发展第十二个五年规划纲要》提出的构建"新首钢高端产业综合服务区"的要求，首钢规划名称由2007年市政府批复的相关规划确定的"首钢工业区"调整为"新首钢高端产业综合服务区"。

2012年北京市编制发布《新首钢高端产业综合服务区控制性详细规划》，统筹"保留"与"开发"的关系，将首钢地区定位为新首钢高端产业综合服务区，是北京西部转型发展的核心区。统筹近期与远期、局部与整体、保护与发展、经济与环境等之间的关系，创新发展模式，建成加快转变经济发展方式的示范区、首都生态文明建设重点区域和有特色的高端产业综合服务区。新版规划进一步明确了新首钢地区功能定位和空间布局，赋予了新首钢地区"世界瞩目的工业场地复兴发展区域、可持续发展的城市综合功能区、再现活力的人才集聚高地、后工业文化创意基地、和谐生态示范区"功能定位。

新首钢高端产业综合服务区规划总用地约8.63平方公里，总建筑规模约1060万平方米。规划"五区两带"空间布局：功能分区为工业主题公园、文化创意产业园、综合服务中心区、总部经济区和综合配套区5大功能区，以及位于永定河沿线的滨河综合休闲带、贯穿场地内部的城市公共活动休闲带。规划居住人口5.7万人（含现状燕山水泥厂家属院居住人口约0.24万人），规划就业岗位约15万个。

控规重点深化调整了以下内容：

一是调整功能分区，完善功能布局。调整完善功能结构、用地性质，以产业用地为主导，合理配置各类用地比例。

二是增加居住用地比例和设置预留发展用地。从市场经济因素考虑，建议适当增加居住用地，同时设置一定规模的预留发展用地，为未来发展预留空间。

三是增加建筑规模，提高开发强度和建筑高度。放开2007年由市政府批复规划的高度、容积率和建筑密度限制，根据不同的地段区位和用地功能，尤其是长安街西延道路两侧、轨道交通沿线和永定河沿岸，提高土地开发强度，增加近期规划建筑规模。

四是调整启动区位置。根据功能、布局的调整，结合土地权属情况，原停产前确定的启动区位于首钢厂东部，考虑到其土地权属复杂等影响因素，控规重新调整确定了位于首钢厂区核心地带和长安街西延道路两侧、轨道交通沿线区域作为新的启动区，其土地权属较为单一。

3. 全面开展"新首钢"专项规划编制

在此基础上，北京市编制了重点地区的城市设计导则、绿色生态专项规划、地下空间概念规划、结建人防工程规划等11个专项规划，提出规划管控要求和建设引导要求。为了加强规划实施，搭建了多个专项规划合为一体的综合管控平台，将各专项规划管控要求与控规内容进行融合，形成综合管控要求，形成规划图则，发挥对设计方案的引导作用。专项规划主要包括：《新首钢高端产业综合服务区绿色生态专项规划》《新首钢高端产业综合服务区城市设计导则》《新首钢高端产业综合服务区地下空间概念规划》《新首钢高端产业综合服务区结建人防工程规划》《新首钢高端产业综合服务区交通专项规划》《新首钢高端产业综合服务区步行、自行车交通专项规划》《新首钢高端产业综合服务区公共交通专项规划》《新首钢高端产业综合服务区轨道交通规划》《新首钢高端产业综合服务区市政方案综合》《新首钢高端产业综合服务区综合管廊专项规划》。

7.2.3 减量发展，分区谋划——深化细化新首钢北区、南区、东南区规划

2016年至今，以冬奥组委会入驻为标志，首钢老工业区进入减量发展期和转型发展加速期。在全市减量发展的背景下，首钢老工业区进一步优化深化其发展规划。

冬奥组委入驻契机，激发首钢老工业区新动能和新活力。2015年

12月时任国务院副总理张高丽批复同意2022年冬奥会和冬残奥会组织委员会（简称北京冬奥组委）办公选址首钢老工业区西十筒仓。2016年5月13日北京2022年冬奥组委首批工作人员正式入驻西十筒仓办公区，成为园区第一家入驻单位。北京冬奥组委入驻为新首钢高端产业综合服务区带来新的发展机遇，需要以此为契机，以绿色生态等先进理念优化区域基础设施和配套设施，提升生态景观环境，统筹考虑人口调控、职住平衡等因素，积极引导和培育相关城市功能，以此为起点为新首钢高端产业综合服务区可持续地注入发展动能和活力。为了更好地服务冬奥会，发挥北京冬奥组委入驻对规划区发展的带动作用，需要进一步加强冬奥项目周边环境建设，优化空间布局，加强规划统筹（图7-1）。

图 7-1　冬奥组委办公区

（来源：自摄）

落实新版城市总规对新首钢地区的功能定位。2017年，《北京城市总体规划（2016年—2035年）》发布，赋予新首钢地区全新功能定位：传统工业绿色转型升级示范区、京西高端产业创新高地、后工业文化体育创意基地。落实功能疏解、减量发展要求，首钢主厂区对北区、南区、东南区进行了控规优化，以2012版控规为基础，分别组织编制了首钢北区、南区详细规划，并在北区全国率先探索了控规层面"多规合一"，有机整合了城市设计导则、绿色生态、地下空间、公共交通等多个专项规划，构建了多层次多维度规划体系。

▶ 1. 首钢园北区控规

北区总面积2.91平方公里，总建筑规模182.6万平方米，在总建筑规模不增加的前提下，允许同类用地性质之间在符合相关法规规范的情况下进行整体指标平衡。根据减量发展、人口疏解的新要求和冬奥相关空间需求，在《新首钢高端产业综合服务区控制性详细规划》的基础上对首钢老工业区功能布局进行了优化调整，规划"三带五区"功能布局，"三带"是滨河综合休闲带、城市公共活动休闲带、长安街西延线绿色生态带；"五区"包括冬奥广场、工业遗址公园、公共服务配套区、城市织补创新工场、石景山文化景观区五个各具特色、相互配合的功能区。

在北区率先探索多规合一，精准实施。针对老工业区改造问题提出"创新、修补、活力、生态"规划理念，整合控规、各专项规划、项目深化设计等内容，搭建详细规划层面"多规合一"技术平台和协调管理平台，整体谋划首钢老工业区转型模式。《北区详细规划》对既有的绿色生态、地下空间、城市设计、城市风貌等专项规划进行"多规合一"，在功能方面，以功能布局、地下空间两个维度分别引导地面和地下功能；在形态方面，以现状保留场地要素、建筑形态好风貌、绿色开发空间三个维度引导建筑和公共空间形态；在基础设施方面，以交通设施、市政设施、城市安全设施和绿色生态设施四个维度布局城市综合设施。《北区详细规划》将编制完成并通过审批或评审的控制性详细规划、专项规划内容进行综合，协调不同控制因素之间的关系，根据新需求和新要求，对相关规划内容进行适当优化调整。多规方案综合，以各专项规划为基础，提出功能布局、场地保留因素、建筑形体和风貌、开放空间、绿色生态、地下空间、道路交通、市政基础设施、城市安全和防灾减灾等九个维度的框架，将各专项规划的相关内容进行整合，形成多规整合方案。

▶ 2. 首钢园南区规划

2017年4月，新首钢高端产业综合服务区发展建设领导小组第四次会议提出"从整体上研究新首钢地区规划""高标准做好南区规划""（南区）建设大尺度生态公园"等要求。2017 年 9 月，时任北京市委书记蔡奇在北京城市总体规划实施动员和部署大会提出："首钢是北京城市复兴新地标"，为新首钢地区的规划建设进一步指明了方向，提出了更高的要求。

按照市委市政府指示精神，2020 年北京市编制了《新首钢高端产业综合服务区南区详细规划（街区层面）》。规划分两个阶段工作，编制完成《打造首都城市复兴新地标——新首钢高端产业综合服务区控制性详细规划的基本框架》，经过市委专题会（2018 年 8 月 8 日）、市委市政府首钢调研座谈会（2018 年 8 月 26 日）和新首钢高端产业综合服务区发展建设领导小组第五次会议（2018 年 9 月 21 日）审议通过，明确了新首钢地区打造新时代首都城市复兴新地标的总体目标，以保定建、战略留白、规模双控的总体要求，文化复兴、生态复兴、产业复兴、活力复兴、三区一厂协作发展的总体框架。

落实市委市政府对新首钢地区提出的总体目标、要求和框架，北京市对新首钢南区规划方案进一步修改完善，2020 年编制形成《新首钢高端产业综合服务区南区详细规划（街区层面）》。首钢南区规划形成"两带五区"的空间结构。依托永定河生态带、后工业景观休闲带，规划战略留白区，为远期发展预留空间；规划前沿科技引领区、国际交流展示区、后工业城市活力区三个产业功能区；围绕永定河生态带和后工业景观休闲带规划生态景观休闲区。

▶ 7.3 实施探索

为破解更新改造中场地复杂、项目实施协调困难的现实问题，首钢北区在全国率先探索控规层面多规合一。为有效协调推进规划实施，首钢老工业区在全国率先探索控规层面多规合一。重点整合交通、市政、生态等多个专项规划，形成了"控规＋场地设计＋建筑风貌＋绿色生态＋地下空间"的规划管控体系，生成 80 项管控空间要素，实现了多方案协同，为项目实施提供了精准指引。

▶▶ 7.3.1 突破用地功能管制

创新用地功能管制，用地功能兼容性。针对用地功能管制问题，规划中创新用地功能管制，在主导用地功能的基础上增加兼容性要求，"用地功能兼容与建筑复合利用"的最终目的是指导人地系统可持续发展，通过"办公+商业""公服+商业"等多种形式，促进配套服务功能混合利用。复合功能组织有利于配置多种组合性功能，且部分工业建筑通过改造形成"柔性空间"，可以根据市场需求灵活承接办公、商业、公寓等功能。为加强功能复合，鼓励综合体功能组织方式；规划创新用地功能管制方式，在主导用地功能的基础上增加"兼容性"要求——不仅允许商业、商务、办公、公寓等功能在同一地块平面混合也允许在同一建筑物内的竖向混合。例如，为加强用地功能的兼容性，实现办公、商务、商业、公寓、文化展览、体育休闲、生态休闲等功能的高度混合，规划将部分多功能用地（F3）划定为兼容性用地，包括三种类型——科技研发综合服务兼容用地（F3-T），文化创意兼容用地（F3-C）和配套兼容用地（F3-A）；为加强公园绿地中工业遗存的保护利用，塑造后工业景观特色，规划将部分公园绿地（G1）划定为后工业特色公园绿地（G1-P），绿地内经审批认可的建筑规模与建设地块的建筑规模在总量不变的情况下实现动态平衡（图7-2）。

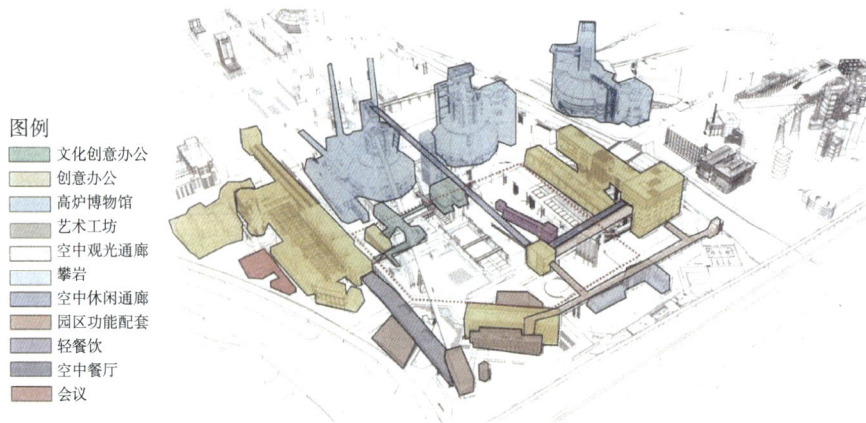

图例
文化创意办公
创意办公
高炉博物馆
艺术工坊
空中观光通廊
攀岩
空中休闲通廊
园区功能配套
轻餐饮
空中餐厅
会议

图 7-2　工业建筑改造复合功能分析图

（来源：南区详规）

7.3.2 建筑规模区域整体统筹平衡

针对工业建筑保护改造项目建筑规模难以在规划阶段确定的问题，规划刚性管控整体建筑规模，各地块容积率可在不同地块间统筹平衡，为工业改造项目的规划实施和设计方案创意提供了灵活度。规划指标总体把控、弹性实施，规划结合工业建筑改造和空间形态确定各地块参考容积率。各地块规划建筑规模可在街坊范围内统筹调整；若确有必要，建筑规模可跨街坊统筹调整。比如结合规划层面的城市修补方案，提出各地块参考容积率，作为建筑规模统筹调整的初始点和前提。前沿科技引领区、国际交流展示区地块参考容积率在2.5～4.0之间，后工业城市活力区地块参考容积率在2.0以下，战略留白区地块参考容积率为2.5（图7-3）。

图7-3　南区各地块参考容积率规划图

（来源：南区详规）

7.3.3 绿化停车等设施区域集中配建

针对工业遗存改造项目无法满足地块配建要求的问题，在制定详细规划中提出以集中配建取代各地块独立分散配建。一是对于地块配建附属绿地，规划按照30%以上整体绿地率核算规划区各类绿地规模，并进行统筹安排，规划区域公园、城市公园、微型公园；在保障整体绿地率大于30%的基础上，不对各地块提出附属绿地配建（绿地率）要求。二是对于结建人防工程，与人防主管部门协作开展人防专项规划，整体核算新首钢地区结建人防规模，选择适于开发地下空间资源的区域建设统筹配建地下人防工程，并满足人防的防护要求；不对各地块提出单独的结建人防要求。三是对于配建停车位，规划整体核算规划区配建停车位的数量，选择适于开发地下空间资源的建设区域共享地下停车库，满足周边工业建筑改造密度较高的地块的地下停车需求。不对各地块单独提出配建停车位要求。如北区21个地块绿地率弹性控制，多地块停车位集中配建在秀池水下（修建了855停车位）等，创造性实现了工业遗存保护要求下规划落地实施。

图示A、B、C地块为工业建筑改造地块；D、G为新建地块；F为部分新建部分工业建筑改造地块（灰色色块代表改造工业建筑，红色色块代表新建建筑，绿色色块代表绿地）。按照集中配建要求，A、B、C、F无绿地率要求，集中绿地E满足本区域整体绿地率指标。A、B、C无人防和停车配建要求，D地块建设统筹人防地下室和共享地下停车库解决周边地块需求（图7-4）。

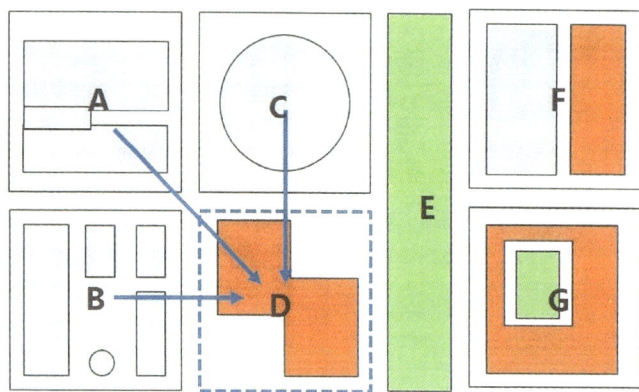

图7-4　集中配建示意图

（来源：南区详规）

参考文献

[1] 北京市城市规划设计研究院.新首钢高端产业综合服务区控制性详细规划[Z].北京，2011.

[2] 北京市城市规划设计研究院.新首钢高端产业综合服务区北区详细规划[Z].北京，2017.

[3] 北京市城市规划设计研究院.新首钢高端产业综合服务区南区详细规划（街区层面）[Z].北京，2020.

[4] 北京市城市规划设计研究院等.首钢老工业区转型发展与规划实践[M].北京：中国建筑工业出版社，2022.

第8章

品牌突围

长期以来，首钢为国家工业作出了重要贡献，也是北京市经济增长的重要支柱，销售收入多年在北京市国资系统排名第一。随着2010年首钢最后一座炼钢高炉熄火，这座90余年历史的钢铁城落入沉寂，首钢老工业区从灯火辉煌、热火朝天的炼钢事业中走向乌灯黑火的荒芜沉寂，这片"工业休眠之地"在等待着被唤醒。从国内外案例看，像首钢老工业区这么大体量的区域，重新焕发活力生机的成功案例并不多。但是，首钢老工业区做到了。

首钢老工业区，自2013年正式启动改造建设以来，高起点定位、高标准谋划、高质量建设，各类资源要素加速向新首钢地区聚集。经过10余年更新改造，首钢老工业区已经焕然一新，正在贴上许多新标签，工业旅游目的地、北京冬奥会和中国服贸会举办之地、科幻产业集聚区、体育产业示范基地等，整体形象正在由"工业休眠之地"转变为"京西活力中心"。

8.1 借势北京冬奥会，首钢老工业区实现从"火"到"冰"的华丽转型

一场赛会带动一座城，筹办北京2022年冬奥会成为首钢老工业区实现品牌突围的引爆点。借助重大赛会激活老工业区，首钢不是第一个。斯特拉福（Stratford）是位于伦敦东区一个衰落的老工业区，借助举办2012年伦敦奥运会重大机遇，推动了整个伦敦经济重心东移，成为

继大伦敦金融城、西区和金丝雀码头之后，第四大办公区和金融重镇。

8.1.1 首钢老工业区因夏奥而生、因冬奥而兴

1. 夏奥会休眠了一座城，冬奥会又唤醒了这座城

2001年北京申奥成功后，首钢的环境治理列入了中国举办奥运会对世界的承诺。2005年国务院批复了国家发展改革委关于《首钢实施搬迁、结构调整和环境治理方案》，同意首钢实施压产、搬迁、结构调整和环境治理，首钢搬迁调整正式启动，从石景山向沿海转移。2015年7月31日，北京携手张家口成功申办2022年冬奥会，北京成为既举办过夏奥会又举办过冬奥会的"双奥之城"。借势举办2022年北京冬奥会，首钢老工业区实现了从"火"到"冰"的华丽转型，成为奥林匹克运动推动城市发展的优秀典范。

2. 北京2022年冬奥会和冬残奥会组织委员会入驻首钢老工业区，开启了首钢老工业区华丽转型新篇章

2015年12月15日，北京2022年冬奥会和冬残奥会组织委员会（简称"北京冬奥组委"）正式成立，标志着北京2022年冬奥会的筹备工作正式展开，与赛事相关的场馆建设与改造、交通规划、环境保护、比赛服务等一系列工作也全面提上日程，但是最为迫切的是北京冬奥组委需要一个合适的办公地址。2015年12月，时任国务院副总理张高丽批复同意2022年冬奥会和冬残奥会组织委员会办公选址首钢老工业区西十筒仓，主要利用原有工业厂房及构筑物改造而成。北京冬奥组委选择首钢也体现了绿色、共享、廉洁办奥的精神。2016年5月，北京冬奥组委正式入驻是首钢老工业区品牌形象转变的里程碑事件。北京冬奥组委一期正式入驻首钢园西十筒仓片区的5号、6号筒仓办公，成为落地首钢园区的第一个客户。因夏奥而生的新首钢，再次与冬奥结缘，曾经的"工业锈带"更新改造后焕发新颜。

3. 国家领导人两次到首钢老工业区视察冬奥会场馆建设和赛会筹办备赛情况

2019年2月1日，习近平总书记到北京首钢园考察冬奥筹办工作，场馆和基础设施规划建设等情况。2022年1月4日，习近平总书记到首

钢园视察冬奥筹办备赛，考察"冬奥大脑"北京冬奥运行指挥部调度中心建设运营情况。这里既是指挥中枢，也是信息汇聚地，30余米长的四块大屏幕展现赛时场馆运行实时画面，指挥部可实时了解涉奥场馆场所运行状况。2022年2月4日，北京冬奥会正式开幕，2月7日首钢滑雪大跳台将迎来首场比赛。

▶▶ 8.1.2 冬奥场馆建设加速首钢老工业区更新改造

利用工业遗存改造建设北京冬奥会"一赛场、一总部、四块冰"，让首钢老工业区换貌一新。曾经存放炼铁原料的筒仓、料仓，一番"精装修"后，成了冬奥组委之家和冬奥主运行中心、交通指挥中心；精煤车间、运煤车间变身"四块冰"，其中，冰球馆还可以在短时间内实现冰球、篮球、商演、新闻发布等各类功能的转换；百年发电厂华丽转身为香格里拉，作为京西地区首屈一指的五星级酒店，成为冬奥会官方接待酒店之一。此外，还有改造为验票安检大厅和赛事管理办公区的冷却泵站，改造为综合服务楼的制氧主厂房等。首钢老工业区"一赛场、一总部、四块冰"加速首钢园北区冬奥广场片区开发建设。

▶ 1. 一赛场——"雪飞天"首钢滑雪大跳台

首钢老工业区在众多滑雪大跳台选址方案中脱颖而出。2016年北京冬奥组委与国际雪联开会讨论时，对方提出，希望滑雪大跳台"进军"城市，以便更多的观众关注这项运动。北京冬奥组委则给出了包括鸟巢、长城脚下、张家口大境门以及首钢园区在内的多个选址。其中，首推方案就是将滑雪大跳台建在首钢园区。2017年1月13日，国际雪联确认大跳台选址北京市区，并推荐了首钢园区选址方案。

世界首座永久保留使用滑雪大跳台。在过往的跳台滑雪项目中，所使用的场地都是临时性的，首钢滑雪大跳台是世界首例永久保留的大跳台竞赛设施，也是世界首个和工业遗产再利用结合的奥运场馆，把北京市用冬奥会机遇带动城市更新的故事讲给世界。2017年9月13日国际奥委会确定了首钢园区的选址方案。考虑到不能对现有的工业遗存风貌造成影响，对大跳台的第一个要求是希望它的高度能控制在首钢天际线之下。园区内满足这个条件的地址只有两个，一是高炉，二是冷却塔。

但是，高炉的结构比较薄弱，空间上也不太好衔接。最终，大跳台在冷却塔旁拔地而起，配上特意设计的国内首例斜行电梯，完美融入首钢天际线。

滑雪大跳台"雪飞天"设计灵感。滑雪大跳台最初的设计灵感源于中国敦煌壁画中的"飞天"，跳台竞赛剖面曲线与敦煌"飞天"飘带形象十分契合。当敦煌飞天遇到首钢大跳台，世界文化遗产中的丝绸之路元素，赋予了这座现代建筑最独特的东方美感。首钢滑雪大跳台的规划设计以四座标志性冷却塔为背景，位于工业晾水池群明湖畔，与首钢工业遗产改造的关键部分结合起来，形成独特的奥运景观，赛后成为向公众开放的冬奥公园的奥运遗产节点。跳台钢结构设计还预留了未来竞赛剖面变化的可能，实现全球首例"一台两用"跳台。

用中国速度将图纸变成了实物。首钢滑雪大跳台于2018年12月底开工建设，2019年11月27日正式交付使用，比计划时间提前6个多月，是北京冬奥会北京赛区首个建成的新建比赛场馆，也是北京赛区唯一的新建雪上场馆。赛道高度58米，长度202米，大跳台拥有6000个座席，南侧拥有近1万平方米的大型广场和若干工业遗存建筑，北侧为15万平方米的群明湖，湖岸周边为利用工业管廊改造的6公里长的空中步道。这个区域不但可以举办滑雪大跳台比赛，还可举办极限滑板、水上航模、户外展览、音乐演出等活动。首钢滑雪大跳台项目深入挖掘首钢园区工业遗存文化价值，对首钢原有老厂房和工业构件进行修缮与改造，满足冬奥会赛时观众、裁判、OBS转播等各项服务功能，实现工业遗产和冬奥会的赛时运行需求完美结合（图8-1）。

▶ 2. 一总部——北京冬奥组委办公区

2022冬奥组委办公区选址位于首钢旧厂址的西北角西十筒仓区域，地处阜石路以南、北辛安路以西，基地南侧的秀池和西侧的石景山山体，为项目带来了绝佳的山水自然环境，内设冬奥主运行中心和交通指挥中心，成为冬奥"大脑"。深入挖掘工业遗存的文化价值，高水平建设奥运非竞赛场馆，在奥林匹克的历史上树立工业遗存改造服务奥运的典范，在世界工业遗存再利用历史上树立建筑改造和工业复兴的典范。2013年西十筒仓改造被国家发展改革委列为全国老工业区搬迁改造第

图 8-1　首钢滑雪大跳台

（来源：自摄）

一批试点，也成为首钢北京园区第一个改造项目。北京冬奥组委又是第一家入驻单位，"三个第一"为冬奥组委和首钢园区带来美好未来。

总部设计展现首钢老工业区"素颜值"工业之美。西十筒仓是工业资源最为密集、独特的一片区域，原本用来存放炼铁原料，有保留完好的16个筒仓、2个大料仓，以及若干空中输送通廊、转运站、空压机房等。西十筒仓更新改造为北京冬奥组委办公区，保留了标志性工业元素，在尊重原有工业遗存风貌的基础上进行功能改造与空间更新。以新旧材料对比、新旧空间对比完美延续老首钢"素颜值"的工业之美。项目改造坚持绿色生态原则，应用多项节能减排技术。在节材利旧方面，变压器、照明设备、多项工业小品均利用厂区原有设备材料。景观道路硬铺装用砖由园区拆除建筑垃圾制成，是"城市矿产"资源利用的有益尝试。项目在生态节能方面采用多项最新减排技术，如光伏发电、无负压供水技术、一体化污水处理技术、雨水收集再利用技术等。在满足冬奥组委入驻各项服务功能的基础上，留住区域特有的地域环境、文化特色和建筑风格，使首钢园呈现出新旧交织、山水交融、整体存在的城市风貌。

3. 四块冰——国家冬季运动训练中心

2017年4月，国家冬季运动训练中心在首钢园区开建，包括短道速滑、花样滑冰、冰球、冰壶四个训练场馆，即"四块冰"（图8-2）。

精煤车间一切为三，改造为冰壶、花样滑冰、短道速滑三个训练场馆。精煤车间300米长、60米宽，这个修长的厂房，将改造"切分"为短道速滑、花样滑冰及冰壶三座国家队训练馆，原本青灰色的精煤车间已经"换装"，变身宫墙红的冬奥会训练馆。

冰壶馆以服务专业队伍训练为主，同时具备承办赛事的能力，冰面为30米×60米的标准场地，设置6条符合奥运标准的赛道，可提供104个座位。冰壶馆在保障国家队训练的基础上，承接了2018—2019世界壶联冰壶世界杯总决赛、2018—2019年度全国冰壶冠军赛、北京市第一届冬季运动会冰壶决赛等。

花样滑冰馆以保障国家花样滑冰队训练为主，同时具备承办赛事能力，可提供478个座位。在保障国家队训练的基础上，承办了花样滑冰俱乐部联赛总决赛、北京市第一届冬季运动会花样滑冰决赛等。

图 8-2　国家冬季运动训练中心

（来源：自摄）

短道速滑馆以保障国家短道速滑队训练为主，同时具备承办赛事能力，可提供294个座位，场馆内采用全进口防撞垫，以最高标准保障运动员的滑行安全。短道速滑馆在保障国家队训练的基础上，承办了北京市第一届冬季运动会短道速滑决赛、2018中国短道速滑精英联赛第四站、"中国席位"国家短道速滑队国际比赛选拔赛等。

运煤车站改造为冰球馆。在精煤车间的右侧，运煤车站"变身"改造为国际一流的冰球场馆，这是"四块冰"中唯一配备观众席的场馆，可举办容纳3000名观众的正式比赛。冰球馆为首钢园区内单体面积最大的体育场馆，设计以冰球为主，多功能可转换的综合场馆，体育建筑等级为甲级，举办冰球赛事时可提供2018个座位，其中VIP座位420个，举办篮球等赛事时可提供4290个座位。冰球馆由美国Gensler公司参照北美地区的综合性体育场馆标准设计，属于国际一流的中小型专业场馆。冰球馆已经承接了2019中芬冬季运动年开幕式、北京2022年冬奥会和冬残奥会吉祥物发布活动、第六届北京市民快乐冰雪季系列活动启动仪式、2018—2019赛季KHL大陆冰球联赛（北京赛区）、2019国际冰联冰球女子世锦赛甲级B组赛事、2019超级企鹅联盟红蓝大战等赛事活动。

▶▶ 8.1.3 举办冬奥会首钢老工业区受到世界瞩目

▶ 1. 谷爱凌、苏翊鸣夺金福地

首钢滑雪大跳台中心是2022年北京冬奥会自由式滑雪大跳台和单板滑雪大跳台2个大项、共4个小项的比赛项目场馆，北京冬奥会期间共产生四块金牌，中国代表团9枚金牌中的2枚在这里收获，被誉为中国队的"夺金福地"，首钢园作为新的网红打卡地，吸引了全世界的目光。2月8日北京冬奥会自由式滑雪女子大跳台决赛在首钢滑雪大跳台举办，谷爱凌夺冠（图8-3）。2月15日，随着苏翊鸣夺得北京冬奥会单板滑雪男子大跳台金牌，首钢滑雪大跳台的赛时任务圆满结束，这座冬奥会场馆也成为中国队的"双金"福地。

▶ 2. "冷资源"变"热经济"，冬奥场馆赛后利用

冬奥遗产"一场馆一策"定制赛后利用方案，开展大众化、普及化

图8-3 谷爱凌夺冠

（来源：自摄）

冰雪活动。首钢滑雪大跳台作为北京2022年冬奥会的重要遗产之一，在赛后保留其体育运动本质，继续用于大跳台的比赛和训练，在更好推进首钢园区的产业转型同时，进一步推动京津冀区域的大众冰雪运动的推广。首钢滑雪大跳台在设计、建设之初就充分考虑到赛后利用，冬奥会后，滑雪大跳台可以实现迅速"变身"，不仅可以滑雪，未来还可以根据需求改造成滑水、滑草等更多项目。冬奥会赛后，这里成为世界首例永久性保留和使用的滑雪大跳台场馆，成为专业体育比赛和训练场地，并面向公众开放用于大众休闲健身活动。一是举办了高水平国际赛事。与国际雪联深度合作，拟在首钢滑雪大跳台长期举办国际雪联单板和自由式滑雪大跳台世界杯、洲际赛，创办亚洲赛等赛事活动。二是举办冬季训练营。利用每年世界杯举办前后，以设立国际培训中心等形式开展冬季训练营等活动，组织、邀请世界各国滑手到首钢滑雪大跳台体验、交流、训练；协调相关资源，举办滑雪裁判、器材师、塑形师等从业人员培训、认证活动。三是推广普及冰雪运动。在首钢滑雪大跳台举办冰雪运动、极限运动相关的演艺演出、推广活动。冬奥会后，首钢大跳台连续举办冰墩墩雪容融裸眼3D形象视频首发、"体总杯"3V3篮球赛、斯巴达勇士飓风赛、中国移动＆谷爱凌慈善跑、北京新年倒计时等活动。北京冬奥后首个雪季举办"冰雪汇"活动，吸引了4万多游客前来体验。

▶▶ 8.1.4 释放冬奥效应，体育要素在首钢老工业区集聚

▶ 1. 共建国家体育产业示范区

2017年2月，国家体育总局与首钢集团签署《关于备战2022年冬季奥运会和建设国家体育产业示范区合作框架协议》，利用首钢工业遗存和区位优势，通过老工业基地保护性开发利用，共建国家体育产业示范区。以冬奥会为契机，链接冬奥会相关体育产业，形成体育产业生态基础，围绕冬奥会赛事和训练，形成商业配套服务基础，打造首钢园体育IP。

▶ 2. 北京冬季奥林匹克公园落户首钢老工业区

2021年10月27日在北京冬奥会迎来开幕倒计时一百天之际，"北京冬季奥林匹克公园"正式落户首钢园区，国际奥委会已批准使用北京冬季奥林匹克公园的名称。"北京冬季奥林匹克公园"在首钢园区的总占地面积171.2公顷，包括首钢滑雪大跳台、北京冬奥组委总部、北京冬奥会主运行中心、国家冬季运动训练中心场馆群、金安桥数字智能产业集聚区、服贸会场馆群等。作为"双奥之城"的北京，继奥林匹克公园后，又拥有了一座冬季奥林匹克公园，双奥公园交相辉映。北京冬季奥林匹克公园建设的定位及特色共分三点：一是服务保障北京2022年冬奥会、冬残奥会，打造区域特色，为城市留下奥运遗产。以永定河区域为整体，建立运动体系，以马拉松线路为IP，整合永定河周边的门城湖公园、莲石湖公园、园博湖公园、永定河休闲森林公园、京原路以南郊野公园、首钢遗址公园和高井沟入河口公园，建设"全封闭、最安全、特色最独有、体验最丰富"的42公里全马路线，完善服务功能及设施，打造富有石景山特色的京西休闲健身生态带，引领大众健康的生活理念。二是发挥"一半山水一半城"的生态优势，点亮首都复兴新地标。串联区域内的自然和人文景观，让石景山区优质的山水资源与独特的城市景观变得更有活力，结合体育赛事的举办，展现石景山城市复兴的新形象。三是唤醒历史记忆，彰显西山永定河文化带内涵。挖掘丰富的历史文化资源，打造具有文化底蕴的公共开放空间，展示石景山、庞村铁牛、十八蹬、北惠济庙、庞村渡口、石卢灌渠六处古遗址，形成极

具特色的文化带。

▶ 3."体育 +"产业

首钢园获"国家体育总局体育服务综合体典型案例""北京市体育产业示范基地"荣誉。2022年，伴随冬奥会的胜利举办，我国体育事业被注入了新的动力，体育事业再次得到市场高度关注。首钢园作为2022年冬奥会的主会场之一，在赛事筹备与保障期间借助冬奥东风，成功引入了9家成熟、专业的体育产业主体。目前园区内体育产业领域已初步孵化出体育器材与体育活动运营两大赛道，未来伴随园区电子竞技事业的发展，将有望进一步延伸出电子竞技赛道。

▶ 8.2 借势中国服贸会，首钢老工业区打造面向国际化的活力空间

中国国际服务贸易交易会（以下简称"服贸会"）是由中华人民共和国商务部和北京市人民政府共同主办的国家级、国际性、综合型展会，顺应全球服务贸易快速发展趋势，成为国际服务贸易领域传播理念、衔接供需、共享商机、共促发展的重要展会。

▶▶ 8.2.1 改造利用首钢工业遗址公园，打造独具匠心的聚落式展区

2021年中国国际服务贸易交易会首次启用首钢园区作为专题场馆，结合工业风貌和奥运元素，打造了特色场馆群。整体会展区域的设计理念上，对标国际、借鉴格林威治小镇及达沃斯小镇等特色会展模式，发挥首钢园鲜明的场地特点，顺应国际潮流，打造聚落式的会展场所，形成"一轴四廊多点"的景观结构。"一轴"即一条展现首钢工业遗址风貌的中轴绿廊；"四廊"即四条东西向连接群明湖的生态通廊；"多点"即多个特色主题园与公共服务节点，作为室内展厅的外延补充。首钢园独具匠心的新型会展空间格局，将现代会展与工业遗存风貌、自然景观深度融合，一经"首秀"便引起各界强烈反响。

展览区域的设计理念上，以将工业遗存与服贸文化有机结合。两者和谐共生为设计出发点，将原刀具车间、修理车间、除尘车间、泵房等

众多工业建（构）筑物，进行结构加固和室内改造为会议室、贵宾室、餐饮、办公用房等服务配套设施，赋予其新的功能与使命。增强了游历感与沉浸式体验感，使参观者领略独特的工业风貌和历史文脉的延续。

展馆本体的设计理念上，强调低碳环保自然和谐。按照反复利用、综合利用、持久利用的原则，封闭式展馆采用钢结构设计，可实现材料后期回收利用；开放式展馆采用装配式张拉膜结构，避免对原有地面的改动、充分利用自然采光及通风、最小限度获取能源；由工业遗存改造的9间和园区企业自身的会议、展示空间相结合，既综合利用又使更多服务贸易领域的企业参与其中。景观的设计理念上，首钢园彰显了人本与历史文脉的独特魅力。通过提供开放绿地、城市SHOW场、弹性广场、共享空间等多样性的空间与服务，突出更适合服务贸易规律的人文交流氛围，塑造独特的北京服贸会品牌。

▶▶ 8.2.2 首钢老工业区成为中国服贸会永久会址

▶ 2021年中国国际服务贸易交易会

2021年服贸会于2021年9月2日至9月7日在北京国家会议中心和首钢园区举办，主题为"数字开启未来，服务促进发展"。

首次启用首钢园区作为专题场馆。结合工业风貌和奥运元素，打造了特色场馆群。本届服贸会共设健康卫生服务、供应链及商务服务、教育服务、电信计算机和信息服务、体育服务、金融服务、工程咨询与建筑服务、文旅服务等八个专题展区，共设置15个展馆，面积约9.4万平方米，同时设置了线上服贸会数字平台。举办全球服务贸易峰会、论坛和会议、展览展示、推介洽谈、成果发布、边会等六类共205场活动，吸引全球153个国家和地区的1.2万余家企业线上线下参展参会。

服贸会达成系列重要成果。服贸会期间，共有1212家单位、9500名展商来到首钢园区参展，承担论坛和活动70场。中交资本控股有限公司、探月与航天工程中心、北京中关村工业互联网产业发展有限公司等现代金融、科技服务、新一代信息技术、商业服务和数字创意产业项目现场签约落地石景山区，签约金额约600亿元。共吸引观众18.68万人次。央视新闻频道《面对面》《焦点访谈》、新华社、北京电视台、《中

图 8-4 2021 年服贸会

（来源：自摄）

国青年报》《北京青年报》《新京报》等十余家媒体对首钢园区进行报道，园区影响力和知名度持续提升（图8-4）。

▶ **2022 年中国国际服务贸易交易会**

2022年服贸会于2022年8月31日至9月5日在北京国家会议中心和首钢园区举办，服贸会设置永久口号为"全球服务 互惠共享"，本届服贸会主题为"服务合作促发展 绿色创新迎未来"。

服贸会2.0版。本届服贸会继续采用"综合+专题""线上+线下"办会模式，首钢园区服贸会区域展览场馆15个，工业风特色的会议室17个，设文旅服务、健康卫生服务、体育服务、金融服务、教育服务、供应链及商务服务、工程咨询与建筑服务、电信服务等八大专题展，充分展示各类新技术、新成果、新业态、新模式。举办了全球服务贸易峰会、成果发布等六大类活动，共有65个国家和国际组织参会，超过1400家企业线下参展。首钢集团积极打造服贸会服务保障2.0版本，围绕交通动线、配套设施等方面，优化设计，做好改造提升、功能提升、活力提升。

图 8-5 2022 年服贸会

（来源：自摄）

2022年服贸会亮点纷呈、成果丰硕。参展参会企业数量、国际化程度、成交规模和观众人数均超过上届水平，为各参与方提供了务实的合作平台和巨大的市场机遇，为全球服务贸易恢复发展注入了新的活力。本届服贸会举办了7场高水平高峰论坛、100多场专业论坛和行业会议，汇聚政府官员、专家学者和业界精英，聚焦前沿领域，交流最新观点，为推动全球经济贸易复苏增长贡献了智慧和力量。共达成各类成果1339个，其中成交项目类513个，投资类175个，首发创新类173个，战略协议类128个，权威发布类82个，联盟平台类26个，评选推荐类242个。本届服贸会发布了《中国服务贸易发展报告2021》《中国展览业发展报告2021》等多项权威报告，反映发展趋势，汇聚研究成果（图8-5）。

▶ **2023 年中国国际服务贸易交易会**

2023年服贸会于2023年9月2日至6日在国家会议中心和周边的国家体育馆以及首钢园区举办，首钢园第三次成为服贸会"一会两址"之一，本届服贸会主题为"开放引领发展合作共赢未来"。

服贸会3.0版。首钢园区设置了电信、计算机和信息服务，金融服务，文旅服务，教育服务，体育服务，供应链及商务服务，工程咨询与建筑服务，健康卫生服务，环境服务等9个专题展，搭建展台355个。首钢园焕新升级的3.0版服贸会场馆，以其独具特色的工业风貌及花园式景观成为焦点，持续吸引客流。园区全面提升八大区域45万平方米绿化景观，最新改造的31条微循环道路能让观众逛得更舒适。

SoReal元宇宙乐园崭新亮相。服贸会期间，首钢园参展企业1323家，共举办论坛会议活动71场。累计在园人数44.58万人，服贸会开幕首日入园105378人，创单日新纪录。首钢一高炉SoReal元宇宙乐园崭新亮相，作为服贸会创新服务特色展示体验区，为观众带来极致互动体验，"5G+XR"科技赋予百年历史文化遗址重生，通过5G、边缘计算、虚拟现实等前沿技术，打造集文化、科技、娱乐、消费于一体的全沉浸式太空探索主题科幻综合体，体现首钢园科幻产业集聚区的最新成果（图8-6）。

图8-6　2023年服贸会

（来源：自摄）

8.3 借势中国科幻大会，首钢老工业区打造面向未来的发展热土

中国科幻大会是由中国科学技术协会主办，聚焦于推动科普科幻产业发展，为科普科幻全产业链提供相互交流、融合发展的平台，2020年首次落地首钢老工业区，已连续举办了4次。

8.3.1 首钢老工业区建设科幻产业集聚区

2020年在中国科幻大会上，中国科协与北京市政府签署《促进北京科幻产业发展战略合作协议》，国家和市级层面共同支持在首钢园区打造科幻产业集聚区。首钢老工业区成为中国科幻产业发展的重要承接地和科幻产业创新展示的重要窗口，引入科幻、科技类企业70余家，形成"内容创作＋IP转化＋影视特效制作＋硬科技＋沉浸式体验"为主要特色的科幻产业发展新格局。

科幻产业集聚区启动区。科幻产业集聚区启动区以位于首钢园区北区的中心片区——工业遗址公园为主要承载区，包括金安桥和南部绿轴区域，占地面积71.7公顷，建设规模近16万平方米。以高炉等工业遗存再利用及服贸会特色活动场地为主要载体推进科幻国际交流中心建设；金安桥片区7.7万平方米空间作为科幻技术赋能中心、科幻公共服务平台主要承接区，其中办公面积5.8万平方米，吸引龙头企业、科幻孵化器、科幻公共服务平台等机构入驻；同时依托周边区域特色工业建筑推进科幻消费体验、制作中心建设。

科幻产业集聚区主要建设内容："三中心一平台"。

一是科幻国际交流中心。利用工业遗址公园绿轴区域内9.4万平方米服贸会场馆群，在该区域及三高炉落地科幻大会开幕式、科幻专题论坛、科幻展、科幻之夜、科幻嘉年华等活动，提供会议、展览、食宿等全面服务，做好场地设施、嘉宾接待、环境营造等保障工作。同步对接落地北京国际电影节科幻电影周、北京科技周科幻专题、北京国际设计周科幻创意环节等一批特色活动，营造科幻品牌活动氛围，建设科幻爱

好者的交流集聚地。

二是科幻技术赋能中心。以金安桥1号楼为载体打造"幻景工场"，一层定位科幻创意产品的展示、销售、体验；二层遴选创业公社等产业服务平台公司合作科幻产业孵化器，整合科幻研究中心、大师工作坊、导演工作室、科幻活动企业等资源入驻，促进科幻产业生态集中呈现；三层以上引入科幻龙头企业，"一企一策"给予政策支持。

三是科幻消费体验中心。与清华大学合作打造的沉浸式数字圆明园、音乐机器人等项目实现营业，与华为河图合作开展沉浸式文旅体验，落地了一批科幻消费体验项目。

四是科幻产业孵化器等公共平台建设。开展智能网联汽车示范应用、机器人服务、沉浸式数字文化体验、智慧文旅等7类23项智慧应用，营造沉浸式科技氛围。

▶▶ 8.3.2 首钢老工业区连续4年举办中国科幻大会

▶ 2020年中国科幻大会

2020年11月1日至2日第五届中国科幻大会在北京市石景山区首钢园举办，大会主题为"科学梦想　创造未来"。本次大会采取线上+线下的方式，包括开幕式，七个专题论坛、三个主题科幻展览和八项社会活动等内容。大会采取线上线下相结合方式进行，中国科技界、科幻界、影视界和科幻爱好者等代表300多人与会，10余位来自美国、英国、日本等国科学家、科幻作家、科幻界和全球科幻机构及组织代表通过线上参会交流。中国科幻大会发布了《2020年中国科幻产业报告》，石景山区发布了"科幻16条"，设立科幻产业专项资金5000万元，鼓励和推动科幻产业集聚发展。

▶ 2021年中国科幻大会

2021年9月28日至10月5日第六届中国科幻大会在首钢园举办，以"科学梦想·创造未来"为主题，包括开幕会、专题论坛、科幻产业新技术与新产品展、北京科幻嘉年华等系列活动。共举办开幕式2场、专题论坛12场、潮幻奇遇季特色品牌活动20场，播放露天展映电影5场，播放VR展映电影11部，光影秀7场，科幻秀场放映"未来的约定"14场，发布大会宣传视频7个，文章宣发近百篇，刊发重点媒体30余家，到访科幻大会及北京科幻嘉年华人数逾4万。推出"北京科幻嘉年华"活动，包括北京科幻电影周、潮幻奇遇季、科幻秀场3大板块，凸显首都科技实力与科幻文化的交融。

成立北京科幻产业基金、全国首个科幻产业联合体、中关村科幻产业创新中心。北京科幻产业基金由北京石景山区政府联合首钢集团共同发起设立，未来预期总规模10亿元，重点投资科幻产业，支持北京科幻产业集聚区建设。全国首个科幻产业联合体由首钢集团牵头发起，联合40家企业、高校、科研机构共同组建，致力于联动各界产学研用资源和人才共同发力，促进科幻产业发展。

▶ 2023年中国科幻大会

中国科幻大会纳入中关村论坛。2023年5月29日至6月4日第七届中国科幻大会在首钢园成功举办，本次大会首次纳入中关村论坛，成为国家级科技论坛平行论坛。大会以"科学梦想、创造未来"为主题，共举行开幕式、专题论坛、科幻展、科幻活动等四个方面40场活动，5家企业发布新品，签约项目超过20项。大会期间，500余位国内外各界专家参与相关活动，公众参与人数约4.5万人。

大会吸引了包括意大利科幻作家弗朗西斯科·沃尔索、王晋康、刘慈欣在内的400余位国内外科技工作者、科幻领域重量级作家、专家、企业家、投资人参加现场活动。新技术新产品展览累计接待参观团队78个，参观人数超8000人次。"潮幻奇遇季"以沉浸式体验方式对前沿科技和科学幻想元素进行全新呈现，20场品牌日活动贯穿整个展期，累计接待社会观众4.5万人次，让观众近距离体验科幻前沿技术及产品，领略科幻产业发展的最新成果。

▶ 2024年中国科幻大会

2024年4月27日至29日第八届中国科幻大会在北京石景山首钢园举行，本次大会以"科学梦想、创造未来"为主题，设置了开幕式、论坛会议、产业促进活动和科幻电影周等4个板块18场活动。开幕式上，中国科幻研究中心、人类想象力研究中心及中关村科幻产业创新中心等共同发布《2024中国科幻产业报告》，两部科幻短片——《地球大炮》

与《生命之歌》首次亮相，这两部作品分别改编自刘慈欣的同名小说和王晋康的短片合集。

科幻影视产业研究所和高校科幻联盟在开幕式上落地揭牌。科幻影视产业研究所是北京元宇科幻未来技术研究院内设机构，由著名导演郭帆担任所长，组成人员包括导演、制片、编剧等青年科幻电影人，研究所将在电影、剧集、短片等方向上进行深入研究和探索，为作家与影视工作者提供交流平台。高校科幻联盟围绕"科幻+"和科技创新主题，汇聚广大高校师生的创作力量，培育高校科幻IP精品；推动各高校之间、高校和文化科技企业之间信息互通、资源共享和交流协作，发挥联盟的产业对接和产教融合功能，促进高校科幻IP成果转化；依托中国科幻大会、市区科委、各高校平台组织举办科幻文学、科幻影视等特色赛事活动，形成科幻产业高质量发展的产学研用协同创新生态（图8-7）。

图8-7　科幻大会

（来源：自摄）

第9章

土地突围

土地问题是制约老工业区更新改造的重要因素之一，对老工业区更新改造实质是对城市存量土地的再开发利用。

▶ 9.1 土地开发方面面临的困境

现行的土地政策法规主要是适应于新增建设用地的规范和管理，若完全照搬管理新增建设用地的政策来管理存量建设用地再开发，在实践操作中将会举步维艰。

▶▶ 9.1.1 传统土地出让方式会增加改造成本以及改造主体的不确定性

依据《中华人民共和国土地管理法》及《国有土地上房屋征收与补偿条例》的相关规定，传统的存量建设用地再开发由政府征收国有土地上房屋并收回国有土地使用权后，再出让或者划拨土地。老工业区改造项目，除由政府收购储备后重新供地的之外，若要求由原土地使用权人自行改造也必须采用招拍挂方式办理，将不能保证原土地使用权人获得土地使用权，也无法保证其前期投资收益，且可能增加改造成本，降低原土地使用权人的改造意愿。

▶▶ 9.1.2 改造主体无法参与分配土地增值收益，难以平衡高昂的改造成本

首钢老工业区更新改造项目用地性质发生转变，由工业用地转化为商业服务业用地、多功能用地等，产权单位需要补缴建设用地有偿使用费。改造的土地增值收益主要成为政府的出让收入，改造主体无法分享改造产生的土地增值收益，加大了改造资金压力。将改造主体排除在改造利益分配之外，政府与改造双方容易产生冲突和对抗，实践证明改造难度很大，加之改造主体财力有限，导致改造效率低下，甚至难以开展。

▶▶ 9.1.3 首钢老工业区工业遗存改造难度大、成本高、周期长、效益低

首钢搬迁后老工业区保留了钢铁冶炼的全流程设施，包括炼钢高炉、焦炉、料仓等重要工业遗存380余项，是首都工业发展的重要见证，也是工业文化的重要载体。首钢老工业区更新改造坚持能保则保、能用则用，坚决避免大拆大建。工业遗存改造利用想象空间很大，实操起来却困难重重。一是改造难度大。不同于北京798艺术区等以老旧厂房为主的工业区改造，首钢老工业区老旧厂房不多，更多的是高炉、筒仓、脱硫车间等重工业设施，其内部构造极其复杂，改造利用难度很大，对空间设计、施工方式等要求很高。二是改造成本高。工业遗存改造采取特殊的工艺、材料和施工方式，必然带来高昂的工程造价，改造费用甚至远高于推倒重建成本。例如，首钢"功勋高炉"三高炉本体及其附属的热风炉和重力除尘器内部结构工艺流程、空间关系错综复杂，给改造利用带来很大难度，改造成本不断增加，建筑面积1.68万平方米，改造成本高达3.4亿元，单位面积改造成本超20000元（实际成本可能还要翻倍）。三是改造周期长。由于工业遗存改造没有先例经验可循、施工难度大等原因，边探索边改造拉长了改造周期。三高炉建筑面积1.68万平方米改造历时3年半，一高炉建筑面积1.56万平方米改造历时3年时间，冬奥组委办公区改造项目先后历时4年之久。

工业遗存更新改造难度大、成本高、周期长、效益低，为了降低老工业区更新改造成本，首钢老工业区走出了一条协议出让方式供给土地和土地收益专项使用的有效路径。

▶ 9.2 支持协议出让方式供给土地

▶▶ 9.2.1 率先出台土地协议出让支持政策

为支持首钢老工业区更新改造，北京市在全国率先出台土地协议出让支持政策。2014年3月，国务院办公厅出台了《关于推进城区老工业区搬迁改造的指导意见》（国办发〔2014〕9号），提出为积极有序推进城区老工业区搬迁改造工作，要加大对城区老工业区搬迁改造的土地政策支持力度，改造利用老厂区老厂房发展符合规划的服务业，涉及原划拨土地使用权转让或改变用途的，经批准可采取协议出让方式供地。

为落实国务院指导意见，有序推进首钢老工业区改造调整和产业转型升级，2014年9月北京市政府出台了《关于推进首钢老工业区改造调整和建设发展的意见》（京政发〔2014〕28号），提出按照新规划用途落实供地政策，利用首钢老工业区原有工业用地发展符合规划的服务业（含改扩建项目），涉及原划拨（或原工业出让）土地使用权转让或改变用途的，按新规划条件取得立项等相关批准文件后，可采取协议出让方式供地。

原首钢权属用地是划拨土地，首钢搬迁后老工业区通过改造调整后发展符合首都功能定位的现代化产业，原划拨（或工业出让）土地使用权转让或改变用途，符合规划用途的首钢北区项目采取协议方式供地。为支持首钢老工业区转型发展，对符合规划用途的首钢北区项目采取协议出让方式供地，首钢集团可以较低成本取得土地使用权，并且以首钢集团为单一土地使用者和改造实施主体，有利于统一规划、统一建设、统一运营。

▶▶ 9.2.2 城市更新土地协议出让逐步成为各地普遍做法

2021年9月1日起施行的《上海市城市更新条例》第四十一条：根

据城市更新地块具体情况，供应土地采用招标、拍卖、挂牌、协议出让以及划拨等方式。按照法律规定，没有条件，不能采取招标、拍卖、挂牌方式的，经市人民政府同意，可以采取协议出让方式供应土地。鼓励在符合法律规定的前提下，创新土地供应政策，激发市场主体参与城市更新活动的积极性。

2021年3月1日起施行的《广东省旧城镇旧厂房旧村庄改造管理办法》第二十二条："三旧"用地、"三地"和其他用地，除政府收储后按照规定划拨或者公开出让的情形外，可以以协议方式出让给符合条件的改造主体。

2021年实施的《成都市人民政府办公厅关于进一步推进"中优"区域城市有机更新用地支持措施的通知》（成办发〔2021〕33号）规定："对按城市规划要求实施自主改造用于商品住宅开发的，按'双评估'价差的90%收取土地出让价款，用于发展服务业（含总部经济）的商服用地按70%收取土地出让价款（对自持物业比例超过60%（含60%）的按65%收取土地出让价款，自持全部物业的按60%收取土地出让价款，自持全部物业的省、市重点项目可按不低于55%收取土地出让价）"。

▶▶ 9.2.3 采取协议出让方式供地的流程

依据中华人民共和国国土资源部令（第21号）《协议出让国有土地使用权规定》，土地协议出让流程如图9-1所示。

▶ 9.3 "原汤化原食"平衡老工业区开发建设资金

根据《关于推进首钢老工业区改造调整和建设发展的意见》（京政发〔2014〕28号），首钢土地收益由市政府统一征收，专项管理，定向使用。按照"收支两条线"原则，首钢集团依据基本建设程序，采取项目管理的方式，就符合规划和资金使用范围的项目申请使用该专项资金。

▶▶ 9.3.1 首钢权属用地协议出让土地收益专项使用

按照"原汤化原食"原则，首钢权属用地土地收益扣除依法依规计

1. 编制国有土地使用权出让计划
市规划和自然资源委根据经济社会发展计划、国家产业政策、土地利用总体规划、土地利用年度计划、城市规划和土地市场状况，编制国有土地使用权出让计划，报北京市政府批准后组织实施。

2. 制订协议出让土地方案
市规划和自然资源委依据国有土地使用权出让计划、城市规划和意向用地者申请用地项目类型、规模等，制订协议出让土地方案。

3. 确定协议出让底价
根据国家产业政策和拟出让地块的情况，按照《城镇土地估价规程》的规定，对拟出让地块的土地价格进行评估，合理确定协议出让底价。

4. 与意向用地者协商确定出让价格并签署协议
协议出让土地方案和底价经市政府批准后，市规划和自然资源委与意向用地者就土地出让价格等进行充分协商，协商一致且议定的出让价格不低于出让底价的，方可达成协议。

5. 签订《国有土地使用权出让合同》
根据协议结果，与意向用地者签订《国有土地使用权出让合同》。

6. 土地使用者取得国有土地使用权
土地使用者按照《国有土地使用权出让合同》的约定，付清土地使用权出让金、依法办理土地登记手续后，取得国有土地使用权。

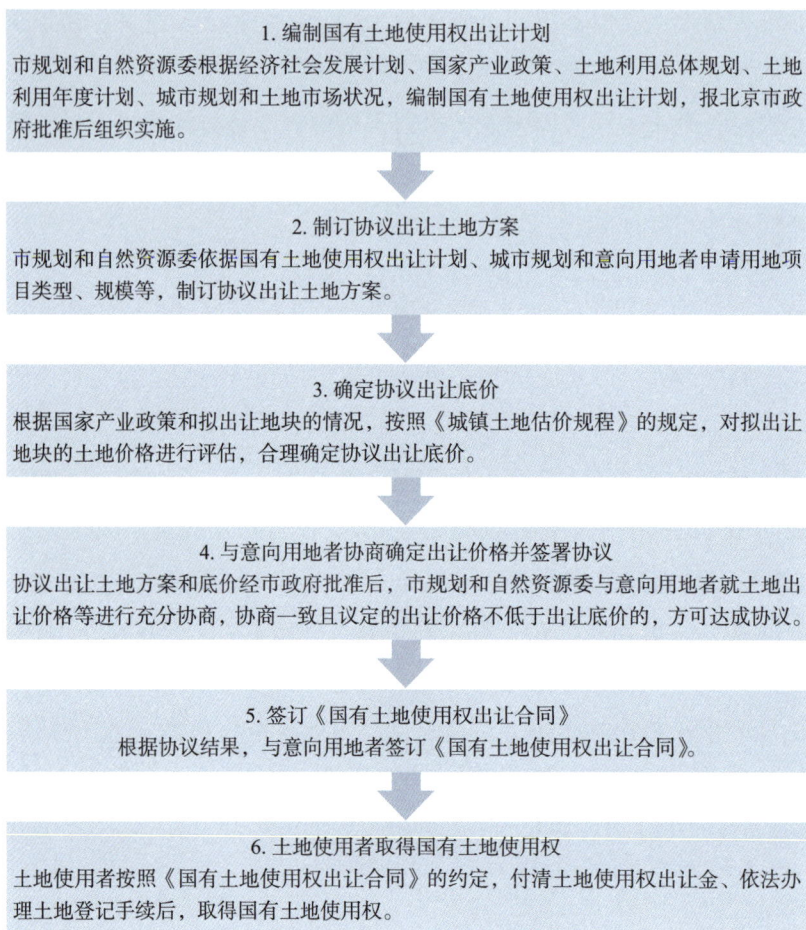

图 9-1 土地协议出让流程

提的各专项资金（约占50%）外，专用于该区域市政基础设施项目红线内征地拆迁补偿、城市基础设施、地下空间公益性设施等开发建设，在土地收益专项支持下园区开发建设有序推进、成效显著。

北京市土地出让收入管理方式。根据2007年市财政局《关于印发〈北京市国有土地使用权出让收支管理办法〉的通知》（京财经二〔2007〕1011号），北京市土地出让收入实施非税收入管理，全市土地出让收入缴入市级国库，其中：远郊区土地出让收入扣除应缴纳的新增建设用地土地有偿使用费后采取调库的方式，分别划转各远郊区级国库。城六区市属国企用地土地出让收入计提相关资金后留存市级国库。

土地出让金缴纳和标准。根据"市政府28号文"，符合规划用途的首钢项目采取协议方式供地。根据市政府《关于更新出让国有建设用地使用权基准地价的通知》（京政发〔2014〕26号），国有建设用地使用权出让政府土地收益按照楼面熟地价及各土地用途的政府土地收益比例确定。商业、办公、居住用途政府土地出让收益按照政府审定楼面熟地价的25%确定，工业用途政府土地出让收益按照政府审定楼面熟地价的15%确定。

▶▶ 9.3.2 首钢老工业区土地收益征收、管理和使用

《关于推进首钢老工业区改造调整和建设发展的意见》（京政发〔2014〕28号）明确了首钢土地收益由市政府统一征收，专项管理，定向使用。按照"收支两条线"原则，首钢集团依据基本建设程序，采取项目管理的方式，就符合规划和资金使用范围的项目申请使用该专项资金。2018年，市新首钢办先后印发了《关于首钢老工业区首钢权属用地土地收益征收使用管理的有关规定》（京新首钢办〔2018〕1号）和《关于申请使用首钢老工业区首钢权属用地土地收益返还资金项目审批和使用管理实施细则》（京新首钢办〔2018〕12号），进一步明确了首钢土地收益返还的处理原则、审批方式和程序、管理要求。

▶ 9.4 分区分期对老工业区土地进行滚动开发

首钢老工业转型发展涉及冬奥工程、基础设施、产业培育、生态环境、城市景观等多方面，是一个长期、复杂、区域性的开发建设系统工程。首钢老工业区坚持企业单一主体、统筹发挥多方力量，结合项目性质采取不同开发模式，实现了有序、集约、高效地开发建设。

▶▶ 9.4.1 因地制宜分区分片滚动开发

不同于其他老工业区大多采取土地收储、分割入市、分期规划实施的方式，首钢老工业区按照成熟一块、开发一块，做热一块、带动一块的原则，扎实推进分区分片滚动开发，有力推动了区域集约高效联动开发。集中力量优先开发北区，率先建设条件成熟的石景山景观公园、冬

奥广场片区，满足冬奥组委入驻办公、国家冬季运动队冰上项目训练等
需求；通过石景山、秀池—群明湖改造及园区西侧永定河生态带建设，
带动生态环境整体提升；借势2021年服贸会专业展，加速实施北区工
业遗址公园、金安桥一体化、三高炉和氧气厂等片区改造建设。在东南
区，为促进区域职住均衡，平衡开发建设资金，已分批次完成25个地
块入市（图9-2）。

图 9-2　首钢园北区分地块滚动开发

▶▶ 9.4.2 统筹单一主体与市场化合作

首钢老工业区更新改造以首钢集团为实施主体，同时充分发挥市场
力量，引入专业化国际化合作团队共同开发建设。

一是发挥单一主体开发优势。国内多数老工业区转型项目采用多元
主体开发和政府收储方式，市场主体在经济利益的驱动下易导致城市更
新过程出现偏差，如建设成本过高、公共利益受损、产业再造积极性低
等。以深圳为例，开发商和村集体协商导致建成项目容积率过高，公共
设施标准较低，降低了环境的居住质量；开发商和市场投资主体过度

集中于增值空间较大的工业用地改居住用地类型的更新项目，忽视产业升级类项目。首钢老工业区以原土地产权人为单一开发主体，进行产业定位、规划设计、建设实施、招商运营等一体化管理，开展搬迁腾退、土地一级开发、经营性项目建设和公共设施建设。坚持单一主体开发有利于实现规划的整体性、连贯性、有效性，有利于推进有序开发。

二是多方协同开展市场化合作。广州等城市开展更新时强调政府的强主导，导致市场主体积极性低，影响城市更新的实施效果。首钢老工业区城市更新是一项复杂系统工程，改造规模大、耗时长、内容多、成本高，对城市发展影响大。因此，首钢老工业区通过以企招企、以商招商，对外积极引进国际化规划设计、管理运营团队，对内整合基金、设计、建设、服务等各板块力量，全面提升转型发展效能。在北区，工业遗存多、项目改造难度大要求高，首钢老工业区实施产业定向合作开发方式，由首钢集团以股权合作方式引进铁狮门、香格里拉、怡和集团等优质国际资源，推动了六工汇、国际人才社区等重大项目实施。在东南区，采取土地收储、上市交易等方式引入了中海等一批央企、国企开发商，开展商业、住宅等项目市场化开发建设合作。

第10章

工业遗产突围

工业遗产是工业文明的见证者，具有重要的历史、社会、文化、艺术以及经济价值。百年首钢见证了北京工业和全国钢铁工业发展历史。单霁翔指出："无论从具有保护意义的工业遗产规模，还是这些工业遗产所具有的突出的普遍价值，首钢工业遗产都可以与已列入《世界遗产名录》的著名工业遗产——德国弗尔克林根钢铁厂等相媲美"。随着首钢搬迁，如何保护和改造利用好规模巨大的工业遗产，则成为必须面对和解决的首要问题。

10.1 面临挑战：百年首钢的工业遗产价值如何实现

如何平衡保护与利用关系，发挥工业遗产的最大价值，不仅是首钢老工业区面临的问题，也是全世界老工业区面临的共同难题。

10.1.1 百年首钢发展历程更加曲折艰辛

首钢是我国最早的钢铁工业企业之一，首钢老工业区是我国近现代百年工业发展史的见证者。自1919年办厂以来，首钢屡遭兵祸，所有权亦数易其手，历经北洋、日伪、民国、新中国成立后四个时期，持续发展钢铁冶炼工业，具有极高的历史价值。可以说，首钢历史浓缩了我国近代华北地区的政局动荡历史，见证了新中国工业发展的艰苦奋斗史。在动荡发展历程中，首钢老工业区生产设施面临破坏、改造、维修、拆除等多变复杂的状况，在新中国成立后首钢迅速扩大生产规模、更新生产设备。如何通过当前的工业遗产保护利用，深刻反映当时经济社会技术状况，折射出首钢百年的艰辛历史，反映新中国及首都建设的辉煌成就，是一项要求很高的复杂工程。

10.1.2　百年首钢积淀的文化价值更加丰厚沉重

价值的认定是对工业遗产进行保护和利用的基础，而首钢工业遗产的价值是多方面的。从工业文化价值看，首钢是我国最早的工业企业之一，也是我国最大型的钢铁企业之一，在钢铁工业发展史上占有举足轻重的地位，首钢老工业区于2018年入选第一批中国工业遗产保护名录。从红色文化价值看，首钢率先试点"承包制"，成为改革的一面旗帜，首钢红色基因在社会主义建设和改革发展的不同阶段得到凝练升华。2022年，首钢老工业区作为新中国首都建设的辉煌成就的见证，入选北京市第二批革命文物名录。首钢工业遗产还有重要的经济技术价值，其从19世纪20年代以来各个时代的建筑结构材料体系和力学体系类型都非常完整，堪称现代工业建筑结构技术的博物馆，并且拥有不少国内独创的结构类型与技术。如在高炉建设中首先采用钢管混凝土格构柱，是当时国内最先进的结构技术，为国家钢管混凝土设计规程编制提供了重要的工程依据。首钢老工业区具有丰厚的工业、文化、经济技术价值，因此其工业遗产的认定需要从更多、更广维度出发，统筹考虑、系统评估，这对其工业遗产保护利用提出了更高要求。

10.1.3　百年首钢巨量工业遗产改造利用难度更大

首钢老工业区内几乎保留了钢铁冶炼的全流程，共有高炉、筒仓、焦炉、冷却塔、脱硫车间等350项重要工业资源，并具有设施关联度强、覆盖面积广和布局分散性强的特点，各类建筑、设施布局依生产流程形成了厂区内部标志性的斜向空间肌理。相比于798等其他老工业区，首钢老工业区厂房等建筑不多，多是筒仓、料仓、高炉等工业构筑物，改造复杂程度和难度非常大。大量工业遗存的更新改造相当复杂，其保护利用的投入惊人，无论对企业还是政府都提出了很大挑战。且工业设施改造后也非常容易锈蚀，定期维护也是一大笔开支。因此，如何整体统筹利用好规模巨如此大的工业遗存，合理安排"拆改留"，解决投融资、规划设计、改造建设、管理运营等难题，都需要大投入。就全世界的工业遗产保护利用看，工业遗产改造维护成本都很高，如欧洲的工业遗产保护投入仍然主要来自公共部门的资金支持。

▶▶ 10.1.4 保护管理法规制度不尽完善

我国工业遗产保护利用起步较晚。依据《国家工业遗产管理办法》，我国基本形成了"国家工业遗产"保护制度。但总体看，我国工业遗产保护工作还处于起步阶段，尚未形成专项工业遗产保护法规，缺乏保护利用体系，受限于土地转性难、改造成本大等政策制约，保护利用模式单一，开发效益不高，且缺乏专项资金支持，对社会资金吸引力不足。一些工业遗产所有人宁愿让其处于闲置状态，也不愿意主动开发工业遗产。而工业遗产保护利用从普查评价、登录公布、制定办法、编制规划、筹措资金、实施保护整个过程必须有明确工作机制，才能保证工业遗产保护利用有序开展。尽管北京对工业遗产保护和再利用开展得比较早，对工业用地和重点工业资源进行了普查、建立了档案，并颁布《北京市工业遗产保护与再利用工作导则》，但首钢地区工业遗产十分复杂，导则无法有效指导具体保护利用工作，保护的相关标准、细则空白，造成工业遗产保护无章可循、无法可依，大量的工业资源哪些要保护、怎么保护模糊不清。尤其是首钢老工业区位于中心城区，更新改造还要做好城市功能织补，这些都增加了更新改造难度。

▶ 10.2 保护路径：以保定建，分级分类

北京市始终将做好首钢工业遗产保护利用作为重中之重，坚持延续和保护"百年钢城"核心历史文化价值，坚决避免大拆大建，坚持以保定建，以资源调查为基础，在保护中创新利用方式，在工业遗产保护利用实践中蹚出了一条首钢路径。

▶▶ 10.2.1 以政策创新为先导：坚持以保定建，健全政策措施

历届北京市委市政府高度重视首钢工业遗产保护利用问题，强调不搞大拆大建，要坚持"以保定建"理念，工业遗存"能保则保、能用则用"。北京市以优先做好工业遗存保护为原则，先后制定了《保护利用老旧厂房拓展文化空间的指导意见》《推进首钢老工业区改造调整和建设发展的意见》等政策措施，有效推动土地出让、功能转变等政策破题，健全了工业遗存更新改造管理政策机制。随着国家启动全国城区老工业区搬迁改造试点工作，首钢老工业区也获得了政府土地和财税政策的倾斜。

▶▶ 10.2.2 以调查评估为基础：率先启动重要工业资源调查

工业遗产作为一种特殊的文化资源，它的价值认定、记录和研究首先在于发现，而详细调查是发现的基础和保证。2006年，北京市组织开展了首钢老工业区现状资源系统调查评估，从历史、文化、艺术、经济和技术等五个方面，对现存350项工业设施价值逐一调查，建立起了首钢工业遗产资源清单。在此过程中，探索了一套工业资源调查方法，制定了首钢工业遗产的保护名录，对重要工业资源采取分级保护，明确了强制保留工业资源36项、建议保留42项、重要工业资源124项。经过调查，确定了其中一批典型工业遗产，为后续保护利用提供了重要依据。

调查评估的部分重要设施如下：

第一蓄水池（今秀池），早在1919年建厂初期就已经确定，位置和形状至今并没有任何大的变化，是首钢老工业区发展的重要见证（图10-1）。

厂史展览馆，即龙烟别墅，俗称"白屋"，由1919年建造首座高炉基座用采挖的青山石砌成，供高级管理人员和担任技术指导的美国工程师格林办公和住宿，是首钢年代最久的现代建筑，也是唯一西式房屋。日伪时期曾作为伪工会使用，原为L形平面，现仅存长边，为首钢铁厂史展览馆使用。2007年，"白屋"与人民大会堂等建筑被列为首批《北京优秀近现代建筑保护名录》（图10-2）。

图 10-1　秀池现状风貌

（来源：自摄）

图 10-2　龙烟别墅现状

（来源：自摄）

　　二焦炉，1943年拆建自日本釜山炼铁厂，1945年建设完成约60%，1950年开始恢复建设，利用日伪时期遗留的基础，烟囱炉体砌筑斜道区。于1951年9月15日建成投产，是国内第一座机械化电气化的配有自动仪表的新式焦炉。二焦炉直到2006年5月为迎接奥运才停炉，成为全国首屈一指的"长寿焦炉"。

红楼迎宾馆，位于石景山脚下，是20世纪50年代为接待苏联专家而建的，是苏联援助扩建这一特殊历史时期的见证。

铁路线，首钢老工业区内不同时期的铁路线纵横交错，最早的铁路线为1936年建设的单轨铁路，正规运输用铁路建于日本人占领时期，同时铁路线布局和走向也已做了规划。新中国成立后至今虽然铁轨的规格和数量发生了根本性的变化，但是铁轨路线的布局和走向却基本没有大的变动，只是在随厂区范围的扩大不断延伸，是串联首钢发展的重要脉络。

▶▶ 10.2.3 以分类保护为原则：分区分级保护利用工业遗存

分区分级保护方法是解决保护与城市发展矛盾的有效途径。首钢老工业区在确定重要单体工业资源基础上，划定了工业遗产保护区。

首钢工业遗产保护区范围主要依据历史发展脉络和工业遗存分布来划定。历史上，首钢老工业区是沿永定河由西北向东南发展，北部石景山和晾水池周边区域是发源地，日伪时期主要向东南发展到炼焦区，1949—1955年也只是向东扩展到烧结区，直到1958年以后首钢扩建才发展到现长安街以南区域。综合看，长安街北部地区是工业遗存比较丰富的区域，石景山、晾水池、炼铁厂、焦化厂等区域工业遗存最为集中，整体格局保存较为完整，历史脉络清晰，钢铁工业风貌特征非常明显。因此，对北部进行整体保护，不再进行大规模再开发。而长安街以南地区，是20世纪50年代后期首钢扩建以后的发展区域，历史遗存较少，可进行结构性的保护，保留由铁路线串接的生产流程中的重要建（构）筑物及设施设备。在大型工业建筑再利用的同时，保留工业区的肌理。这样既保护了首钢发展脉络的连续性，也保护了生产流程的完整性。

对核心保护区、文化传承区和风貌协调区进行差异化保护利用。其中核心保护区约2.3平方公里，包括秀池和群明湖周边、焦化厂、炼铁厂、陶楼和月季园等区域，是百年首钢核心历史文化价值的重要空间载体，以"保"为主，严格保护核心历史文化价值和特色风貌的空间载体。文化传承区约3.2平方公里，包括二炼钢、三炼钢、中板厂、一型材、白庙料场等区域，是首钢钢铁工业生产流程的重要组成部分，具有鲜明工业特色，以"用"为主，进行生长式修补，在传承风貌特征的基础上灵活改造利用，将工业遗存与城市功能有机融合。风貌协调区约2.3平方公里，包括污水处理厂等区域，以"风貌协调"为主，可规划新建建筑，空间尺度和城市风貌与首钢特色风貌协调（图10-3）。

核心保护区
文化传承区
风貌协调区
各级保留建构筑物

图 10-3　首钢老工业区文物及工业资源分布情况
（来源：首钢老工业区控制性详细规划）

具体看，按照历史价值、文化价值、艺术价值、经济价值和技术价值五个方面对工业遗存进行分类保护。不同的工业遗存有不同的保护要求，如具有历史文化价值则需要严格保护，如建筑艺术价值很高，则保护建筑的外观是很有意义的。大部分厂房、仓储等建（构）筑物可塑性强、承载力高，对其适当改造再利用是比较理性的方式。结合工业遗存历史文化价值重要程度可以划分不同的保护级别，首钢主厂区北区各类工业建（构）筑物分为强制保留工业资源32项、建议保留工业资源13项、重要工业资源和要素14项，结合改造方案可利用工业元素200余项。南区规划保留再利用各类工业建筑120项，按照历史文化价值分为强制保留建（构）筑物6项、重要工业建（构）筑物20项、其他工业建（构）筑物94项（图10-4）。

▶▶ 10.2.4　以风貌传承为引导：强化区域整体风貌保护

工业遗产是城市的生动面孔，为解决风貌保护这一世界性难题，首钢委托中国工程院等研究机构开展了首钢园区城市风貌课题研究，由吴良镛、张锦秋、何镜堂等五位院士领衔，创新性提出"保留工业素颜值、织补提升棕颜值、生态建设绿颜值"整体风貌打造理念，构建了包括功

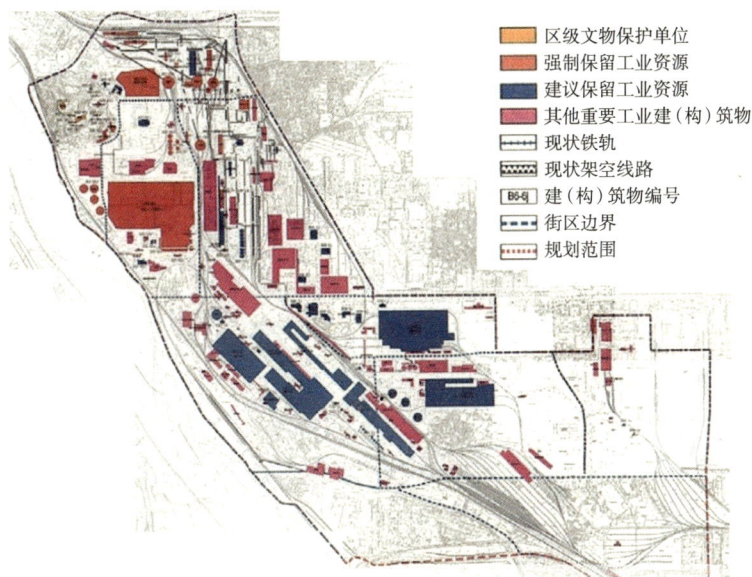

图 10-4　工业遗存分级分类保护示意图

（来源：首钢老工业区控制性详细规划）

能定位与风貌构想、风貌评价与指引、风貌实践与示范的一整套完整体系，创造性地将"织补城市""海绵城市""城市复兴"等理念运用到规划编制和项目改造设计中，保障了"百年钢城"整体风貌的传承延续。

保留工业遗存"素颜值"。工业遗存是首钢园区特色风貌的核心与灵魂，最大限度保留老旧厂房、炼钢高炉等标志性元素，在充分尊重原有工业遗存风貌的基础上进行功能改造和空间更新，提炼工业建筑的典型形象作为园区主要公共空间的风格基调，完美延续首钢老工业区"素颜值"的工业之美。比如冬奥组委办公区是在不破坏整体工业风格情况下，对区域内筒仓、料仓、转运站、主控室及联合泵站等工业遗存进行体块保留、空间重构，改造成为办公空间、会议中心、新闻中心以及员工餐厅、停车设施等配套设施，满足冬奥组委办公、会议及配套服务等功能需求。

织补新建区域"棕颜值"。新建建筑与工业遗存相协调是新首钢城市风貌建设的关键。首钢工业遗存类型可概括为钢铁构筑物、混凝土及砖混厂房、混凝土构筑物、现代建筑、中国传统建筑、民族形式、水景自然等八大风貌类别，新建建筑规划设计要保持统一、连贯的建筑风貌策划理念，位置、体量、高度、形态等要素要与周边工业遗存良好匹配。运用城市织补理念，以肌理织补、空间织补、元素织补等多种方式，融入符合时代发展需求的新功能、新空间、新环境，焕发老工业区新活力，推动实现城市复兴。比如利用新建筑连接起厂房与烟囱等构筑物，使之成为一个整体，利用厂房之间的负空间搭建新结构，连接起多个厂房，以高匹配度为原则指引建筑风貌，与原有工业建筑形成对比和呼应，延续工业肌理和历史印记，促进新旧建筑风貌相协调。

提升山水生态"绿颜值"。传承"山—水—工业"特色景观体系，用好石景山、永定河、群明湖和秀池等山水景观资源，建设国际绿色生态示范区，彰显新首钢绿色发展新形象，成为首都生态复兴的典范。建设永定河生态带和后工业景观休闲带，营造大疏大密的生态格局。将建筑形态融入山水环境，建立多层次、网络化生态景观体系，展现山形水势和工业之美。结合地铁、区域公交网络，运用TOD等一体化交通理念构建更适合步行和自行车出行的慢行交通系统。原有的工业管廊改造为集慢行交通、观景休闲为一体的高空步道，形成了从空中俯瞰欣赏首钢颜值的漫步体系。

▶▶ 10.2.5 以规划管理为约束：以规划落实工业遗产保护要求

为将工业遗产保护落到实处，首钢把工业遗产保护要求整合到法定控制性规划中，开创了利用规划对工业遗产进行管控的新方法。2012版《新首钢高端产业综合服务区控制性详细规划》划定保留再利用区域及保留物总用地约173公顷，占总用地面积的20%。其中：

▶ 1. 在区域保护层面

规划要求核心区以"保"为主，严格保护高炉等重要工业建筑，允许局部加建，功能活化；传承区以"用"为主，在传承风貌基础上可灵活改造，开展功能再造和空间更新。首钢老工业区北区划为工业资源保护核心区，占地面积1平方公里，要求强制保留3处区级文物和36项工业遗产，建议保留工业遗产42项，其他重要工业资源124项，包括石景山山体、高炉、料仓等工业资源，要求其再利用不得破坏历史格局和工业风貌特征，为保持工业文化特色空间的完整性，其周边划定0.96

平方公里的风貌协调区。

2. 在单体保护层面

强制保留工业遗产36项，建筑面积1.84万平方米，占地面积38公顷。规划要求强制保留工业遗产不得拆除，须保留建筑原有风貌特征，包括样式和结构，可以进行修缮，也可以置换建筑功能，甚至进行加建和扩建，但应保留原有的风貌特征的完整性。

建议保留工业遗产42项，建筑面积53.5万平方米，占地面积48公顷，其主要为符合认定标准且具有保留价值的工业资源，规划要求应尽可能保留建筑风貌的主要特征（包括结构、样式、设施和构件），建筑功能可以置换，还可以对建（构）筑物进行加层和立面改造，不要求保留完整性，局部保留也可以。

其他重要工业资源共124项，在未来的再利用中鼓励保留其建（构）筑物风貌的主要特征，鼓励局部保留或移位保留，也可将部分构建改造作为公共艺术品。同时，规划要求加强铁路、管廊、原料传送带等工业元素保护利用，这都是首钢厂区工业特征鲜明的元素，应结合用地功能和场地景观加以利用，延续工业文化特色。

在后续的2017版北区、东南区控规和2020版首钢南区控规编制实施中，都延续并进一步丰富细化了2012版控规对于首钢工业遗产保护利用的要求。

10.3 利用路径：独特空间植入特色功能

保护是利用的前提，利用是保护的目的。首钢老工业区在做好工业遗产保护的基础上，坚持分类利用，针对强制保留、建议保留和其他重要等不同类型的工业遗存，采取不同改造方式，在保持整体工业风貌基础上，因地制宜植入了一批特色业态和功能，实现了工业遗产的活化利用。

10.3.1 对强制保留工业遗产实施功能置换

强制保留工业遗产多为工业构筑物，保护要求高，要求原址保留，须保留建筑原有风貌特征，包括结构和样式，可以进行修缮，也可置换建筑功能。首钢通过不断探索，在保留原有的风貌特征的完整性基础上，将一批工业设施巧妙改造，生产构筑物转变为展览、办公等建筑物，实现了置换功能。其中，三高炉、秀池、西十筒仓等一批钢铁工业遗产的改造尤其令人瞩目。

▶ 1. 三高炉改造

三号高炉是明星高炉，1959年竣工投产，经过1993年易地大修改造后，采用了29项国内外先进技术，使这座高炉的冶炼技术和装备达到当时世界最先进水平。三号高炉高107米、直径80米，是首钢的标志性符号，有着卓越的历史贡献。2010年底随着首钢钢铁主流程全面停产，三号高炉光荣退役。考虑到三号高炉的对首钢老工业区的代表性意义，为延续首钢职工的强烈归属感和认同感，打造区域地标，坚持尊重场地历史空间的设计理念，其最终决定改造为展示活动空间。

三号高炉有效容积达2500立方米，如此大型的工业构筑物改造为民用建筑物，国内外尚无先例，从设计方案到施工规范无可借鉴。按照设计方案，三号高炉改造将保留主体高炉部分、热风炉、重力除尘器和干法除尘器等核心工业构筑物，最大限度保留了高炉原有结构和外部风貌。对内部空间进行重新梳理，最终形成展示、展览、观景平台、玻璃观景台等不同功能区域，以三号高炉为载体，对百年首钢工业印记进行展示和传承，是具有开创性的更新改造项目。

在改造实施中，三号高炉主体改造项目分为消除隐患、结构施工、防腐施工、精装修四个阶段。消除隐患重点是更换罩棚板、挡风板、雨棚板，进行了总共30余万平方米的除锈和2000余吨更换构件及新增结构。高炉的罩棚板、挡风板、雨棚板，以前用的是普碳钢板，由于使用多年锈蚀明显，存在安全隐患，此次改造全部改用了抗腐蚀性高的耐候钢板。为了确保修旧如旧，技术人员采用新工艺和新技术，在耐候钢板表面进行特殊化学处理，经过长时间氧化会逐渐褪色变成黑褐色，还原成与周围协调统一的颜色。如何对炉体主体结构表面进行除锈防锈，做到修旧如旧是改造项目中的一个最难的问题。历经近一年时间实验研究，技术人员攻克了许多项技术难题。首先用高压水枪把锈冲掉，清理干净后，涂上"防锈漆"，再进行封存保护。这样既有斑驳的锈迹，又保留了灵魂，形成首钢的"独门秘方"。"独门秘方"的核心是"防锈漆"，这是首钢自主研发的透明哑光、高耐蚀耐候的高性能综合涂装材料，在国内尚属首创。此涂装材料很好地解决了园区工业遗存项目钢结构防腐及保持原貌的技术难题，也为老工业区改造树立了榜样。

三号高炉改造后成为展示首钢生产资料、技术、精神等融为一体的展览展示和大型活动载体。到访者可由秀池水下廊道通往三高炉内部，依次从9.7米出铁场平台、13.6米参观平台到41.3米罩棚平台，一直到76米炉头平台。随着标高的不断攀升，令人在步移景异中，一览整个高炉炼铁的全部工艺流程，也让这座高炉通过工艺式的动态呈现，使人铭记首钢曾经的岁月荣光（图10-5）。

图10-5 三高炉改造后效果

（来源：自摄）

2. 第一蓄水池（秀池）改造

首钢第一蓄水池早在1919年建厂时就已确定其位置和形状，百年来一直没有大的变化。秀池作为高炉工艺冷却水的晾水池，是炼铁工艺构成的重要组成部分，其始建于1940年，由日本侵略者所建，俗称大水池子，面积约63450平方米，池水来自永定河，用于高炉散热降温，为炼铁循环水专用蓄水池，也是首钢历史最悠久的晾水池。20世纪70年代，首钢着手进行污水治理、环境保护，秀池环境也得到彻底改善，成为首钢大型景观水面，陪伴了一代又一代首钢人。

随着首钢停产，位于三高炉旁的这一汪秀水，也迎来了新的生机。"秀池"改造项目在延续和保留原有水面景观效果的前提下，重点是做好节水，减少景观用水量，同时有效开发原晾水池地下空间，解决北区停车难问题。因此，改造方案将秀池分为两层，地面部分为景观水池，而地下部分则变身为地下停车库和下沉式圆形展厅。改造后水域面积33520平方米，注水深度0.8米，注水量约26816立方米。3号高炉和秀池通过地下廊道进行连接，自然承接高炉之刚和秀水之柔，巧妙进行不同功能空间的转换。到访者可以由秀池柳堤步入湖面，沿着清水混凝土砌筑的首钢功勋墙拾级而下"潜入"池中，通过墙壁上的"百年首钢时间轴"了解首钢百年历史中的重要事件。在地下展厅圆形静水院回望高炉，随即可穿过地下廊道来到高炉内部，一览高炉炼铁的全部工艺流程。三号高炉与秀池建筑的完美结合，将整个空间的天光阴影呈现出来，异常精彩。

3. 首钢西十筒仓改造工程

首钢西十筒仓区位于首钢老工业区的最北部，西靠石景山，北起阜石路，南至秀池，地块内有保留完好的16个钢筋混凝土筒仓、两个大型料仓以及其他工业设施如转运站、除尘塔、皮带通廊等。建厂之初，最早将该区域选为矿石料场，作为从龙关和烟筒山运输铁矿石的卸料场，当时龙烟公司运输系统的火车编组为西十线，后称西十料场、西十筒仓，沿用至今，成为石景山下标志性地域名称。20世纪90年代随着钢铁产业的蓬勃发展，筒仓区作为主要为炼铁高炉提供原料储存、运输的仓储区进行了大规模的改扩建工程，形成目前尺度巨大、规模完整的大型炼铁原料仓储区域。

2013年5月，首钢老工业区西十筒仓改造项目一期工程被列为国家发展改革委2013年度城区老工业区搬迁改造试点专项备选项目，这为老首钢的改造和新首钢的建设，提供了强有力的政策支撑。西十筒仓改造也是首钢老工业区更新改造的首个项目。

西十筒仓规划改造后总建筑面积9万平方米，功能定位为集创意服务、特色商务、工业旅游、文化娱乐休闲于一体的综合创意产业集聚区。其中一期改造范围包括原三高炉上煤系统的6个筒仓和一高炉上煤系统的料仓以及其他附属的工业设施，改造后地上建筑面积为2.58万平方米，使用性质以创意办公为主，兼顾商业、工业遗产展示等多功能用途。三高炉上煤系统的6个筒仓作为西十筒仓区最高、最大的一组工业构筑物群，在整个改造项目中占有标志性地位。

根据筒仓的空间特性，其计划改造为创意产业办公区，同时还需要兼顾工业遗产展示和保护的职能。因此，如何将功能植入与筒仓价值展示结合起来并保证其可实施性，是这个工程的最大挑战。改造后的6座筒仓，每筒有6至7层，单层面积约400平方米，层高约4.5米。同时，新建钢结构夹层，构建出多元化的空间形态。筒仓内部的圆形结构，打破了传统办公格局，使空间具备诸多功能。2号筒仓内部保留了四分之一筒壁；4号筒仓新的钢结构与原筒仓内壁脱开，从内部可以清晰看到原筒仓宽大的空间布局和工业尺度；6号筒仓从开洞入口，到玻璃幕墙，再到室内装修，全部采用圆形设计元素。同时，1号筒仓地下一层设计为工业遗产展厅，再现工业时代的历史印迹。筒仓顶部通廊还将打造为景观级观光餐厅和空中步行走廊，地下空间改造为创意休闲广场，为办公和商务洽谈提供良好环境。

西十筒仓改造是在保护工业资源整体风貌前提下，进行体块保留和空间重构，并赢得了"亚太商业先锋大奖"（图10-6）。

▶▶ 10.3.2 对建议保留工业遗产做好改造性利用

对于具有较强风貌特色的工业建筑物和构筑物和一定历史文化价值的工业建筑物划为重要工业建筑物，建议保留。按照规划要求，建议保留工业遗产是传承整体工业风貌特色不可或缺的要素，对其进行生长式

图 10-6　西十筒仓改造

（来源：自摄）

修补应该保留建筑的主要风貌特征，建筑功能可以置换，还可以对建筑物进行加层和立面改造，不要求保留完整性，局部性也可。国家体育总局冬季训练中心、脱硫车间改造是其中的典型代表。

▶ 1. 国家体育总局冬季训练中心

国家体育总局冬季训练中心（简称冬训中心）原址为首钢动力厂5锅炉及输煤、职工宿舍区域，通过对精煤车间等工业遗存进行改造，建设速滑、花滑及冰壶3座国家队训练馆，并在精煤车间北侧新建1座冰球训练馆。项目位于首钢北区西部，西邻石景山景观公园，总占地约5.9万平方米，改造后建筑规模7.4万平方米（地上），包括短道速滑、花滑、冰壶、冰球训练馆，并配套公寓，兼具商业化运营（图10-7）。

冬训中心建设项目坚持保留、织补、创新的理念，以工业资源保留再利用为核心，充分利用老工业厂房，在保留原有建筑主要特征的基础上，通过修复、改造、加建等织补方式，建设符合国际比赛场地规格的冰上训练场馆和相关公寓配套。精煤车间改造项目保留了原有建筑的体量尺度，通过化整为零的手法将巨大的体量分成速滑、花滑及冰壶三个场馆空间，并对原有的结构特征进行了保留和再利用。

2018年6月，由精煤车间改造而成的"短道速滑""花样滑冰""冰壶"三座冬奥训练场馆正式启用，国家"花样滑冰""短道速滑""冰壶"队相继入驻首钢园区，开展上冰训练。冰球馆在2019年1月正式启用。冰球馆也是"四块冰"中唯一一个可实现冰球、篮球、商演、新闻发布展示等各种场馆功能转换的场馆。

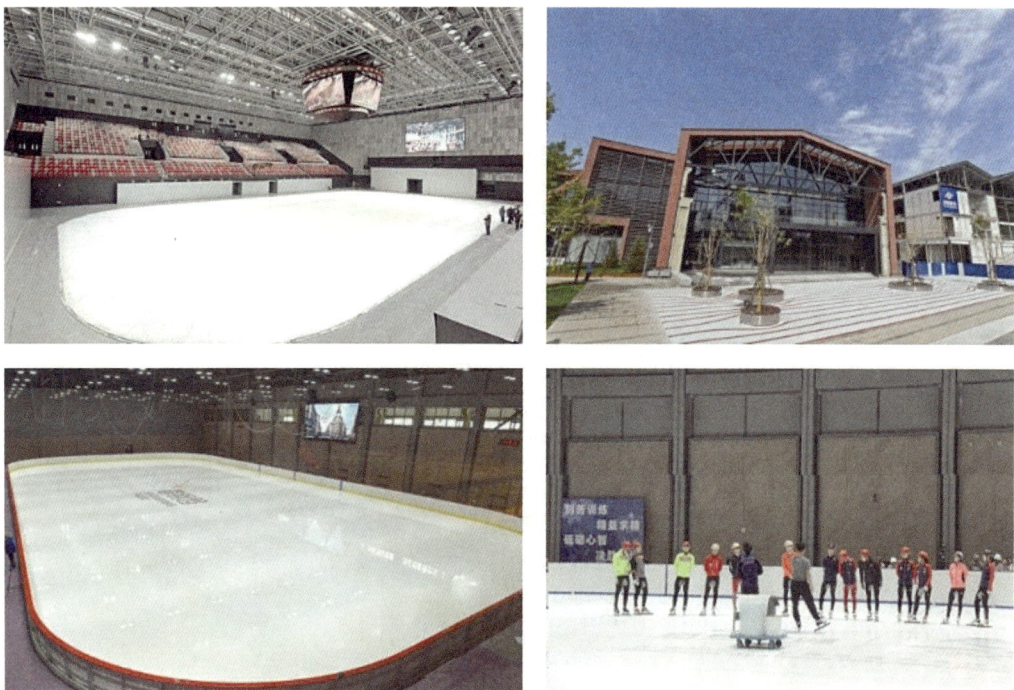

图 10-7　冬训中心改造效果

（来源：自摄）

2. 脱硫车间改造

原脱硫车间建于1987年，是脱硫倒渣间，为原一炼钢厂260吨混铁车铁水喷吹脱硫倒渣，是钢铁主流程铁水预处理设施。从生产时期的"烟熏妆"到如今的"清新妆"，脱硫车间通过改造实现了华丽转变。脱硫车间改造项目规划用地面积9200平方米，建筑面积12290平方米，其中地上9790平方米，为展览、办公、多功能厅、屋顶花园等功能；地下2500平方米，为立体机械车库及设备用房。改造过程中，项目采取绿色生态创新技术，涵盖建筑节能、节材和废弃物处理等，如脱硫车间夹层玻璃可减少热损失，绿化屋顶、露台、2000平方米的太阳能板与天花板辐射加热和冷却系统，以及带光传感器的LED照明系统都可减少能源需求，西侧建筑采用动态遮阳立面，可根据太阳辐射和季节改变朝向，为实现绿色理念贯穿全生命周期的代表性项目，该项目取得中国绿色建筑评价标准三星级和美国绿色建筑委员会颁布的LEED铂金级双认证（图10-8）。

图 10-8　脱硫车间改造

（来源：自摄）

▶▶ 10.3.3　其他重要工业遗产结合需求开展改造

对于具有一定风貌特色和改造利用价值的建（构）筑物划定为其他重要工业遗产，其利用应该结合设计方案进行结构和安全性评估，若具有保留改造的可行性，可参照建议保留工业遗产进行"生长式修补"，若不具有保留改造的可行性和必要性，可拆除。厂东门的迁建、高线公园改造十分具有代表性。

▶　1. 厂东门

首钢厂东门始建于1919年，位于长安街西沿线的最西边。1992年，首都钢铁公司更名为首钢总公司。9月，首钢厂东门改造竣工，建成后的首钢厂东门古香古色高大雄伟，成为十里钢城的标志。这个曾经屹立于长安街西延尽头的大门，用老首钢人的话来说，"它不仅仅是一个厂东门，更是首钢的心灵之门。"为了保存首钢工业遗址的完整，同时实施长安街西延线工程，2015年5月，首钢厂东门异地迁建，重新复建的

图 10-9　厂东门整体搬迁后

（来源：自摄）

厂东门完整保留了原貌，在原址向西北 500 米处，同样是朱红外墙、绿琉璃瓦，12.85 米高、56.28 米长，新门坐北朝南，完全 1∶1 比例复建。如今首钢厂东门已不是员工进出首钢的主要通道，已经成为首钢特有的符号以及长安街西延线上的地标性建筑（图 10-9）。

▶ **2. 高线公园**

首钢高线公园又称高空步道，利用现状架空工业管廊及通廊系统改造而成。首钢高线公园共分为四段，分别为群明湖段、创新工场段、工业遗产公园段和冬奥广场段。全长 8.2 公里的步道中，跑道占了近三分之一，长约 2.6 公里。首钢空中步道距地高度 7 ～ 15 米，将是一个集慢行交通、功能联系、观景休闲、健身娱乐于一体的空中线性公共空间，为目前世界最长空中走廊。在现状管道廊的基础上，利用现存工业遗产构件，设置不同高度的景观平台，高处为完整的滨水步行廊道，下层为木地板步行道，成为适宜人们漫步游览的公共休闲空间（图 10-10）。

图 10-10 高线公园改造图

（来源：自摄）

参考文献

[1] 刘伯英，李匡.首钢工业区工业遗产资源保护与再利用研究[J].建筑创作，2006（9）.

[2] 许东风.重庆工业遗产保护利用与城市振兴[D].重庆：重庆大学，2013.

[3] 新首钢高端产业综合服务区控制性详细规划

[4] 吴晨，金洪利，白宁，等.首钢城市风貌控制与引导方法初探：大型工业遗存区转型发展中风貌保护与控制[J].北京规划建设，2020（2）.

[5] 莫贤发.城市复兴视角下首钢三高炉博物馆的保护改造[J].工业建筑，2020，50（11）.

[6] 杨伯寅，刘伯英.首钢西十筒仓改造工程简析[J].城市环境设计，2016（4）.

[7] 赵玮璐.旧工业遗存的重生：以首钢文化产业园冬奥办公区为例[J].建筑与文化.2018（1）.

第11章

审批突围

在现行规划建设制度下，将原来的工业生产设施改造为办公、酒店等民用设施，不仅是一项技术相当复杂的工程，更面临功能更新、规模调整、改扩建、安全消防等一系列审批要求，受到审批制度的各种制约。工业遗存改造项目审批难一直是老工业区更新中最难啃的"硬骨头"。为探索创新工业遗存改造审批路径，北京市、石景山区以首钢老工业区为试点，创新探索了工业建（构）筑物保护性改造利用审批路径。

11.1 审批困境："旧瓶"难装"新酒"

尽管在首钢老工业区改造过程中，国家发展改革委、北京市给予了大力支持，但利用老旧厂房这一"旧瓶"，装入办公、酒店、商业等业态"新酒"，还存在诸多制约因素。

11.1.1 改造前部分"旧瓶"缺少"身份证"

与其他建筑改造一样，首钢老工业区内的工业建筑、工业构筑物改造也需要权属证明。尽管大部分设施权属不存在争议，但受历史原因等影响，部分土地、厂房、构筑物还缺少与现行审批标准相契合的合法权属证明，影响了土地出让、不动产登记等手续在内的若干审批事项办理。

部分地块未办理有效土地权属证明。首钢老工业区原有用地多为工业划拨用地，由于部分用地划拨发生在1986年《中华人民共和国土地管理法》出台之前，因此尽管其大多数用地权属明确，但还是缺少土地权属证明，造成无法办理土地证。

部分工业建筑缺乏权属证明。2005年，北京市赋予过首钢集团自批自建的审批权限，可以在首钢地区自主审批发放工程规划许可证。但由于是首钢自建项目，在当时条件下，大部分工业厂房等建筑均未办理房产证，这在当时的审批流程下是合法依规的。但2013年此项权限被收回，无证工业厂房也成为历史遗留问题。

大部分工业构筑物缺少权属认定。首钢老工业区遗留了大量工业遗存构筑物，尤其主厂区北区，构筑物较为集中、可利用空间很大。但工业构筑物权属证明办理缺乏规范，诸如高炉、烟囱、水塔等构筑物，当初无须办理权属登记或不动产登记证即可投入使用，部分功能变更升级之后的构筑物确权采用特批形式办理，尚未形成可以广泛推广的标准规范。同时部分需保留构筑物与规划有冲突。如1号高炉、2号高炉等工业设施集中的工业遗址公园，其用地性质规划为绿地。但按照规划要求，禁止将已规划的绿化用地挪为他用，不得向绿化用地核发建设用地批准文件，这就造成绿地范围内的大量构筑物无法办理构筑物权属手续。

▶▶ 11.1.2 部分"旧瓶"改造缺少审批流程

2010年北京市发布实施《北京市工业遗产保护与再利用工作导则》，作为全市工业遗产保护的技术指导文件。但到2013年，首钢老工业区启动改造之时，全市仍未制定出台针对工业遗存改造的审批政策规定。

2014年，国家发展改革委将首钢园区纳入全国首批城区老工业区搬迁改造试点，使之享受国务院《关于推进城区老工业区搬迁改造的指导意见》政策支持。同年9月，北京市出台《推进首钢老工业区改造调整和建设发展的意见》《关于推进首钢老工业区和周边地区建设发展的实施计划》，提出创新工业建（构）筑物改造审批模式，提出按照"加快、简化、下放、取消、协调"的要求，深入推进行政审批制度改革试点，进一步简化行政审批程序，提高行政审批效率。根据项目类别、投资主体、建设规模、产业政策等明确市、区两级项目审批、核准、备案事权，由市区相关部门依法依规办理项目前期手续，重大建设项目纳入市政府绿色审批通道。此后，北京市先后将一大批首钢老工业区内的重大建设项目纳入绿色审批通道、"一会三函"审批试点。但此举更多是审批操作方式创新，主要通过精简前置程序推动项目尽早开工建设，而并未对审批全流程有实质性精简优化。

此外，北京市还先后发布《关于保护利用老旧厂房拓展文化空间的指导意见》《关于进一步优化营商环境深化建设项目行政审批流程改革的意见》等相关文件规定，对工业遗存改造项目审批进行了一定创新，但并未有效精简和加快项目审批程序。

到2018年，北京市发布《北京市工程建设项目审批制度改革试点实施方案》，明确了社会投资项目分为内部改造项目、现状改建项目、新建扩建项目等三类，实行分类施策、差别化办理。其中规定，"将社会投资项目分为内部改造项目、现状改建项目、新建扩建项目等三类，实行分类施策、差别化办理。内部改造项目是指符合正面清单，不增加现状建筑面积，不改变建筑外轮廓的项目，可直接办理施工许可手续"。但在首钢老工业区工业遗存改造项目实际推进中，项目或多或少涉及增加现状建筑面积、改变建筑外轮廓或用地内建筑布局等情况；同时市规划和自然资源委在规定执行过程中根据实际情况又增加"建筑面积2万平方米以上的改造项目必须履行新建扩建类项目报批程序"等条件。因此，首钢老工业区工业遗产的改造项目大部分都归类为新建扩建项目类型，需按照新建扩建类项目履行相关报批手续，这也成为一段时期内首钢老工业区改造项目审批的主要流程。该流程涉及立项用地规划许可、工程建设许可、施工许可、竣工验收四个阶段，涉及多规合一平台初审等九大环节，造成首钢老工业区改造项目审批环节十分漫长。

▶▶ 11.1.3 改造后"旧瓶"难以满足规范标准

首钢老工业区已实施的更新改造项目建设中，由于国家尚无专用标准，尤其是缺少将工业构筑物改造为民用设施的相关标准，现行相关工程建设标准规范与实际情况存在诸多不适应。尤其标准涉及《民用建筑设计统一标准》GB 50352、《建筑设计防火规范》GB 50016、《建筑内部装修设计防火规范》GB 50222等，涵盖更新改造项目设计、施工、验收等各个环节，影响到工业遗存更新改造中的规划控制、结构加固、建筑节能、建筑消防、内部装饰、建筑设备等方方面面，难以适用于复杂的工业遗产项目改造，尤其是高炉等工业设施改造要达到民用建筑要求，难度很大、成本很高。主要问题涉及以下几个方面：

部分改造内容缺乏相应标准规范。首钢工业遗存形式多样，改造起来极其复杂，往往无先例可循，也找不到依据和标准，审查部门亦是无据可依。如在首钢3号高炉改造中，原高炉炉容超过2500立方米，其钢结构罩棚是防火重点，按照现行建筑设计防火规范要求，罩棚柱需要涂覆防火涂料。但对于高达41米的柱体需涂覆高度尚无明确规范依据，这就导致在项目改造过程中消防设计迟迟未能通过审查。

改造难以满足相关强制性标准要求。由于其先天的空间布局、结构及保护要求等因素，部分项目在改造中难以达到相关规划、结构、消防等工程建设强制性标准要求。例如，有的构筑物没有地下空间，在此基础上进行改造，人防很难满足《人民防空地下室设计规范》GB 50038要求；有的地块强制保留工业遗存较多，很难满足《北京地区建设工程规划设计通则》规定绿地率不低于25%的标准。按照停车场规划设计要求，二类建筑办公楼停车位指标应满足每百平方米0.25个，但在工业遗存强制保留区域，停车位难以满足规范要求。

现行标准不利于工业风貌保护。由于首钢工业遗存保护的具体标准缺失，强行按现有标准设计施工容易造成对工业遗迹风貌的破坏。如依据现行节能设计规范标准，工业遗存改造项目中需增加大量外保温或内保温以达到规范限值要求，但此方案对工业遗存原有建筑肌理破坏严重；在筒仓等项目改造项目中，为了保持原有风貌，需保留原有建筑的墙面，但如果按照每个防火分区不少于2个消防救援窗设计规范实施，其风貌就会被破坏。

现行标准导致项目改造成本过高。由于首钢工业遗存作为老旧建筑，本身的改造成本就相对较高，改造中还要最大程度地尊重及保留工业遗存建筑的风貌和形态，按照现行的工程建设设计施工标准规范，部分工程工艺流程复杂、成本过高，严重影响其改造后利用的经济价值。例如，首钢"功勋高炉"三高炉本体及其附属的热风炉和重力除尘器内部结构工艺流程、空间关系错综复杂，给改造利用带来很大难度，改造成本不断增加，高昂的工程造价对于后续如何运营收回成本提出了很高的要求。

11.2 突破路径：精简优化、分类推进

2018年，时任北京市委书记蔡奇、市长陈吉宁调研首钢老工业区规划建设工作时指示，要活化利用工业遗存，完善工业遗存改造利用政策，简化审批流程。为推动首钢老工业区转型发展，石景山区在有效化解工业资源权属不清等历史遗留问题基础上，按照"积极探索、大胆创新，精简优化、务求实效、试点先行、稳妥推进"思路，进一步深化推进首钢老工业区更新改造项目审批制度的改革，并与首钢3号高炉改造实践相结合，研究创新审批机制与模式，优化审批流程与环节，精简审批事项与条件，完善审查标准与机制，强化审批服务与保障，为全市乃至全国老工业区更新改造树立了典范。

11.2.1 优先化解权属不清的遗留问题

稳步推进工业遗产补办"身份证"。有效化解工业资源权属不清等历史遗留问题，解决好工业遗产身份，是做好后续改造的前提。依据《推进首钢老工业区改造调整和建设发展的意见》，石景山区因地制宜，分类推动工业建筑和工业设施登记。对于土地权属明晰、无纠纷，能够确权给首钢的项目，按时序、分批次、相对集中地办理协议出让手续。对特钢厂、二通厂、第一耐火材料厂区等无土地证，但土地权属明晰、无争议的土地，相关部门依照《确定土地所有权和使用权的若干规定》等有关政策规定进行土地确权，并由区政府出具土地权属认定意见，办理立项等前期手续，按规定核发国有土地使用权证。

积极探索分层分类精准确权路径。针对秀池等分层利用的工业设施，探索实施分层出让，让工业遗产改造利用更加符合实际需求。秀池

原为首钢第一蓄水池，是高炉工艺冷却水的晾水池，其改造方式是将秀池分为两层，地面部分为景观水池，延续百年水面景观，地下部分则改造为地下停车库和展厅。通过改造，在秀池下方修建了可停放855辆车的地下车库和圆形下沉式展厅，提供了停车空间同时又提升了水体景观。考虑到地上水面未来将作为公共空间移交政府部门，而水域下方空间的停车场和展厅则为首钢集团权属，作为区域配套停车设施管理运营。因此探索采取分层出让方式，将地下部分出让给首钢集团，实现了公共空间归于社会，产权权益归于企业，实现了同一个地块，地上地下不同功能、不同身份的精准确认、高效利用。

▶▶ 11.2.2 细化工业建筑物改造审批流程

现行对工业建筑物改造的审批流程较为系统，但部分环节有待完善。因此，对工业建筑物改造审批优化重点是进一步细化完善。

优化改造利用审批主要依据。首钢老工业区建筑物改造利用审批模式探索创新主要包括两方面。一是根据北京市《关于保护利用老旧厂房拓展文化空间的指导意见》，其中规定：对保护利用老旧厂房发展文化创意产业项目，且不改变原有土地性质、不变更原有产权关系、不涉及重新开发建设的，经评估认定并依规批准后，可实行继续按原用途和原土地权利类型使用土地的5年过渡期政策，过渡期内暂不对划拨土地的经营行为征收土地收益。过渡期满或涉及转让需办理相关用地手续的，经评估认定并依规批准后，可按新用途、新权利类型、市场价，采取协议出让方式或长期租赁、先租后让、租让结合等方式办理相关用地手续。二是根据《关于进一步优化营商环境深化建设项目行政审批流程改革的意见》，其中规定：内部改造项目可直接办理施工许可证（内部改造项目是符合正面清单，不增加现状建筑面积，不改变建筑外轮廓的建设项目）；现状改建项目可直接办理建设工程规划许可证（现状改建项目是指建设项目符合正面清单，不增加现状建筑面积，但改变建筑外轮廓或用地内建筑布局的建设项目）。

优化改造利用审批流程要点。石景山区在与现行审批流程衔接的基础上，流程优化主要是在办理建筑工程施工许可证或建设工程规划许可证前，增加项目备案、外立面和夜景照明方案审核、施工图联审三个管理环节。最终，针对首钢老工业区工业建筑物形成了不改变外轮廓线和改变外轮廓线两种情形的改造利用审批模式。

优化后改造利用审批流程。一是临时变更功能认定。建设主体编制《项目保护利用综合方案》、提交保护利用申请，市区联合评估后，报主管部门备案。对评估合格项目，由区政府出具允许临时变更建筑使用功能的认定意见。二是履行程序。对于不改变容积率、建筑密度及外轮廓线的项目，在区相关部门办理项目备案，对外立面、夜景照明方案审核和委托施工图联审后，直接办理建筑工程施工许可证；对于不改变容积率及建筑密度，改变外轮廓线的项目，在区相关部门办理项目备案，对外立面、夜景照明方案审核和委托施工图联审后，依次办理建设工程规划许可证、建筑工程施工许可证。三是投入使用。项目完工，由区相关部门组织联合验收后，建设主体申请办理营业执照，投入使用。5年过渡期满经评估认定并依规批准后，市相关部门按新用途、新权利类型办理用地手续。

▶▶ 11.2.3 探索创新工业构筑物审批流程

由于国家及北京市没有工业构筑物改造利用审批相关规定，无法办理建筑工程施工许可证、开展竣工联合验收等相关工作，因此优化审批流程优化还需要做深入研究工作。

优化工业构筑物审批利用主要依据：企业承诺告知制度。2019年，北京市印发了《北京经济技术开发区企业投资项目承诺制改革试点实施方案（试行）》的通知，强调深入推动企业投资项目审批管理体制改革和流程再造，探索创新企业投资项目管理模式；切实落实企业投资主体地位，对符合条件的投资项目，由企业自主选择并按照政府制定的标准作出书面承诺。除立项、规划、施工等必要手续外，以"标准＋承诺"最大限度精简审批环节，变"先批后建"为"先建后验"；创新监管理念和模式，强化服务意识和能力，加快推进企业投资项目管理重心由事前审批向事中事后全过程监管服务转变。

优化工业构筑物审批要点。石景山区借鉴企业承诺告知制度，重点做好一是强化企业主体责任，由首钢组织开展设计、施工和竣工验收，承诺对工程建设质量、消防安全等负总责，实现责权利相统一；二是根据"放管服"改革要求，结合投资纳统、城市环境提升及过程监管的需要，设置了项目备案、外立面和夜景照明方案审核、施工告知单、消防专项验收完成通知单等四个环节，加强事中管理；三是强化企业信用监管，对首钢履行承诺情况实施跟踪，将其未按承诺执行的失信行为信息录入区公共信用信息服务平台，由相关部门依法依规进行惩戒。最终，构建了"企业作承诺、政府强监管、失信有惩戒"的审批流程。

创新后工业构筑物改造利用审批流程。一是使用功能确定。首钢研究制定构筑物改造利用方案，确定改造后使用功能。在完成区相关部门项目备案、外立面和夜景照明方案审核后，深化设计工作。二是施工图审核。首钢依法依规编制施工图设计文件，委托第三方进行图纸联审并出具咨询意见，按照咨询意见修改施工图设计文件。对于部分超出现行建筑物规范和标准的，应组织专家对性能化设计方案进行审查，明确相关技术要求，并按照要求进一步修改施工图设计文件。三是企业承诺。首钢将工程建设承诺书、施工图设计文件、相关咨询意见和技术要求等报送区相关部门，申请并办理施工告知单后，依法依规组织施工。四是过程监管。区相关部门重点对消防和质量安全进行监管。五是竣工验收。项目完工后，首钢组织开展四方验收，并委托第三方进行消防专项验收合格后，由区相关部门出具消防专项验收完成通知单。六是投入使用。首钢持四方验收单、项目备案、施工告知单和消防专项验收完成通知单申请办理营业执照后，投入使用。

▶ 11.3 实施案例：高炉、筒仓等改造利用

通过审批流程优化，首钢老工业区工业遗产改造进度大大加快，迅速改造完成一批重大项目，为保障冬奥会举办和园区可持续发展奠定了基础。

▶▶ 11.3.1 首钢3号高炉

通过创新审批模式，首钢3号高炉仅用两年时间就完成了30余万平方米的除锈和2000余吨构件更换，在保留了核心工业构筑物和外部风貌基础上，改造成为展示高炉炼铁工艺流程的工业博物馆，集企业新品发布、大型展览展示交流于一体的国内外新品首发平台，成为首钢园的标志性建筑和网红打卡地，也是中国科幻大会、京西论坛、新品发布会、高炉音乐会等首发首秀展示平台。

▶▶ 11.3.2 首钢绿轴景观提升

首钢绿轴位于首钢园北区，东至焦化厂东路，西至晾水池东路，南至群明湖南路东延，北至金安桥站交通一体化及工业遗存修缮项目。建设内容为在相关地块实施园林绿化、园路铺装等，对1号、2号、4号高炉等工业遗存进行保护性修缮改造，总投资17.6亿元。按照创新工业构筑物改造审批流程，首钢绿轴景观提升项目于2019年11月完成备案。1号高炉改造也是项目中的重点工程，改造工程同步取得外立面和夜景照明设计方案审核意见，完成施工监理招标。在最大限度保留高炉原有结构和工业建筑风貌的基础上，首钢集团与当红齐天集团共同打造集文化、科技、娱乐、消费于一体的全球首个全沉浸式科幻综合体。1号高炉改造于2020年11月取得施工告知单，并于2023年改造完工。

▶▶ 11.3.3 群明湖景观改造

群明湖位于石景山区新首钢高端产业综合服务区北区，建设内容为在相关地块实施绿化种植、景观提升、保护修缮等，总投资约3亿元。为保护好首钢园区山水生态、工业遗存和历史文脉，群明湖在改造过程中同步启动了仿古建筑的修缮工程，项目于2019年11月完成备案，2019年底开工，2020年底完工。经过更新装扮，这里不仅成为一处水质清澈的人工湖，更是成为一处优美景观（图11-1）。

图 11-1　群明湖改造图

（来源：自摄）

第12章

产业突围

产业转型一直是老工业区转型的关键问题。首钢老工业区历史悠久，工业基础雄厚，在北京乃至全国钢铁工业发展史上都有举足轻重的地位，其产业转型不仅是首钢集团的企业业务转型，也是京西地区产业战略转型，对全市工业转型升级和华北地区钢铁产业布局调整都有深远影响。总体看，首钢老工业区产业转型既有其特殊优势，也面临更加复杂艰巨的挑战，在整体搬迁启动后，区域开始了艰难的战略转型。

▶ 12.1 转型态势：产业转型是从无到有的转型

首钢老工业区发展历经百年，其起步是受益于京西及周边地区丰富的矿产资源，而以石景山炼铁厂为标志，京西地区于百年前就开启了工业化发展之路。在北京涉钢产业停产前，首钢集团已经发展成为以钢铁业为主，兼营采矿、机械电子、建筑、房地产、服务业、海外贸易等多种行业的跨地区、跨所有制、跨国经营的大型企业集团。首钢集团在职职工超过13万人，钢产量超过3100万吨。首钢集团的二通厂、第一耐火材料厂及钢渣厂、首钢构件厂布局在丰台区，直接服务于丰台区经济社会建设。门头沟、丰台、房山为代表的煤炭和其他非煤矿山的资源采掘业是当地主要经济来源，部分矿产用于首钢的钢铁冶炼，也成为首钢产业链的重要一环。

老工业区涉钢产业全部停产后，下一步发展什么样的替代产业成为当务之急。迫切需要找准定位，引领和加快新兴替代产业培育，推动一批新兴替代产业重大项目加速落地。而产业赛道转换需要"以时间换空间",接续产业需要较长时间培育。首钢老工业区植入新兴产业属于"无中生有""零基础起步",比如首钢老工业区借助冬奥会转型发展冰雪产业,实现了由"火"到"冰"的转变,可以说产业方向来了个180°转变。新产业所需要的思维方式、资源要素、产业生态、人才团队、运营管理模式等都不一样,必须经过较长时间摸索、努力。

12.2 转型思路:统筹推进首钢搬迁与老工业区转型

2005年国务院批复了国家发展改革委《首钢实施搬迁、结构调整和环境治理方案》,主要意见一是逐步压缩北京石景山厂区钢铁生产能力,2010年底钢铁冶炼、热轧能力全部停产。二是结合唐山地区钢铁工业结构调整,体现循环经济要求,联合唐钢,在河北曹妃甸建设21世纪国际先进水平的钢铁精品生产基地——首钢京唐钢铁厂。三是在北京发展首钢总部经济,建设顺义冷轧项目,发展优势非钢产业、环保产业、研发体系等。可见,首钢搬迁调整将带来华北地区钢铁产业布局的重大调整,对北京市产业结构调整有重大影响。不同于世界上大部分老工业区的被动转型,首钢老工业区是主动转型,是在钢铁冶炼如火如荼发展,以及首钢集团再次创新的情况下的主动选择。

在国家和北京市支持指导下,首钢采取外埠企业联合重组和园区转型统筹推进策略。一方面建设首钢搬迁调整的重要载体——首钢京唐钢铁,另一方面深耕首钢老工业区产业转型。并提出到2025年,首钢老工业区达到城市形态优美、功能齐备,高端产业集聚效应明显,区域品牌具有国际影响力,新兴产业竞争力显著提升,成为京西地区经济发展新增长极、支撑全市经济增长重要的高端产业功能新区。

优先开展了外埠企业联合重组。根据国家钢铁产业政策要求,首钢在实施搬迁调整过程中,进行了跨地区联合重组的实践和探索,除了与唐山钢铁集团公司组建首钢京唐钢铁厂以外,先后对贵州水城钢铁公司、贵阳钢铁公司、山西长治钢铁公司、新疆伊犁钢铁公司、吉林通化钢铁公司等5家钢铁企业、共计约1390万吨钢产能实施联合重组,合计资产规模超过500亿元，使首钢产业规模和综合实力进一步增强。同时完成股份公司和迁钢公司资产置换。2005年，首钢京唐钢铁联合有限责任公司（以下简称京唐钢铁）正式成立，地处河北省唐山市曹妃甸区，作为首钢搬迁调整的重要载体。京唐钢铁是国家"十一五"规划的重点工程，一期工程总投资677亿元，设计年产铁898万吨、钢970万吨、钢材913万吨，一期工程于2010年6月全面竣工投产。

按时完成北京涉钢产业退出。首钢率先进行的都市大型钢铁企业向沿海转移的搬迁调整，在中国乃至世界都没有先例。2010年12月21日，伴随着首钢石景山1号高炉炉火的熄灭，首钢在北京城区的所有涉钢系统全面停产。据有关环保部门测算，首钢涉钢部分整体搬迁能让北京每年减少1.8万吨可吸入颗粒物，此数值相当于2002年北京市区可吸入颗粒物排放量8万吨的23%、相当于上百家小型工业企业的排放总量。首钢迁出后，每年可减少水资源消耗约5000万立方米、电耗48亿度、煤炭消费量406万吨。

12.3 转型历程：一步一个台阶，深耕区域产业转型

12.3.1 夯土垒台：列入全市四大产业功能新区之一（2011—2015年）

北京市"十二五"规划纲要提出，将首钢老工业区列为全市重点培育打造四大产业功能新区之一，打造"新首钢高端产业综合服务区"，努力成为产业转型升级的示范区。2011年市政府出台《关于加快西部地区转型发展的实施意见》，确定首钢地区为全市西部地区转型发展的核心区，带动北京西部地区转型发展并辐射西南地区跨越升级的重要引擎。

总体看，"十二五"期间还处于打基础阶段。主要工作一是搭建工作机制。北京市组建了市新首钢高端产业功能区领导小组，办公室设在市发展改革委，各成员单位协调联动、合力推进新首钢发展建设工作。石景山区与首钢共同成立了工作对接领导小组，形成了"市级统筹、部门联动、区企合作"的工作机制。二是政策支持。制定实施了加快西部地区转型发展、推进石景山国家服务业综合改革试点区发展、推进首钢

老工业区改造调整和建设发展的意见等一系列政策文件，成功争取将首钢老工业区纳入全国首批城区老工业区搬迁改造试点，首钢老工业区逐步成为北京市政策最为惠集的区域之一。三是完善市政基础设施。市政府安排了首钢老工业区和周边地区建设发展重点项目43项，完成固定资产投资251亿元，市政府固定资产投资通过直投、补贴、参与设立基金、资本金注入等方式，对长安街西延等首钢老工业区重大项目建设累计支持约50亿元。四是设立"北京服务·新首钢"股权投资基金。由市发展改革委、石景山区、首钢、京煤集团共同发起设立"北京服务·新首钢"股权投资基金，立足于西部转型和新产业培育，致力于搭建市场化投融资和产业招商促进平台，组建专业团队，谋划管理好基金，做好新产业培育，以有限的资产引导外埠企业落户西部，并针对首钢、京煤传统产业退出后服务资源的利用提出有效对策，助推企业转型发展。

▶▶ 12.3.2 立柱架梁：冬奥会筹备全面加速产业重构（2016—2018年）

2016年，冬奥组委入驻老工业区，产业发展迎来难得的历史机遇。围绕"体育+"、科技创新服务、数字智能、高端商务、城市综合服务等产业，区域加快重塑替代产业体系。

打造国家体育产业示范区。2017年，国家体育总局与首钢签署《关于备战2022年冬季奥运会和建设国家体育产业示范区战略合作协议》，支持首钢冬奥广场建设国家体育产业示范区，努力打造成奥林匹克运动推动城市发展、老工业区复兴的典范。主要包括建设冬奥核心区、国家体育产业示范区、建设体育总部基地、设立京冀协同发展体育产业基金和争取体育产业自贸区专项政策等。2018年，冬奥办公区交用，冬训中心相继完工入驻，积极培育体育产业，结合首钢篮球、乒乓球等体育赛事品牌影响力，推进消费模式的创新，组建冰球国家队俱乐部，支持棒垒球国家队，启动"雏鹰计划"，探索市场化改革方向。首钢正式冠名北京男子冰球队并获得该队运营权，引进CBA公司落户首钢体育大厦，商务运营的团队与联赛办公室一同进驻办公。首钢与美国铁狮门公司签署《首钢园—铁狮门冬奥广场产业项目合作备忘录》，在首钢园区内选择具有升值潜力的综合用途地块，在物业规划设计、产业聚焦、区域运营等方面开展合作。

依托五一剧场、制粉车间改造等载体，首钢与安踏集团等国内外顶尖体育企业进行对接，加强与阿里、腾讯等企业合作，吸引了国内外知名体育、文化、科技企业总部入驻，推动体育与科技、传媒、创意、赛事运营等多业态融合发展。

培育科技创新服务。2018年，中关村科技园区管理委员会和首钢集团合作共建中关村（首钢）人工智能创新应用产业园，首期选址首钢运动中心、动力厂，后续又在首钢园金安桥、城市织补创新工场等选取不低于20万平方米的空间分期建设，双方重点围绕人工智能基础设施、人工智能开放创新平台、人工智能创新应用示范工程、助力科技冬奥、加快人工智能产业资源集聚等方面，在首钢园北区2.91平方公里范围内，面向科技冬奥、自动驾驶、智能机器人、智能制造和服务、智慧园区建设等领域，建设一批示范应用项目、转化一批人工智能创新成果、服务一批实体经济企业、发展一批行业应用型人工智能创新企业。

集聚数字智能资源。首钢集团与清华大学汽车工程系合作，开展自动驾驶场景规划和科技冬奥项目示范；与京东、美团点评、智行者、新石器在无人物流服务等领域开展合作；还将与中国联通等单位合作，建设基于5G的自动驾驶和车联网基础设施。与中国联通开展战略合作，共同把首钢园区打造成国内首个5G示范园区，并在建设5G产业园区、推动智慧园区规划设计和示范应用、品牌联合推广、国际业务合作等方面展开战略合作。

▶ 12.4 全面推进：引领京西产业转型发展（2019年至今）

2019年，北京京西产业转型升级示范区获批纳入国家级产业转型升级示范区，首钢老工业区作为京西转型发展核心区，承担着筹办冬奥会、引领京西转型发展重任。北京市印发《加快新首钢高端产业综合服务区发展建设 打造新时代首都城市复兴新地标行动计划（2019年—2021年）》。2022年，北京市为统筹好后冬奥时代转型发展，印发《深入打造新时代首都城市复兴新地标 加快推动京西地区转型发展行动计划（2022—2025 年）》，设定了6个方面共24条任务，加快建设以首钢老工业区为核心的京西示范区，擘画京西转型发展新蓝图。其中，首钢老工业区紧紧围绕"打造北京国际科技创新中心的首钢高地、打造北京国际消费中心城市的首钢支点"，持续完善产业生态和消费生态，加快培育新质生产力，不断提升园区发展的"含金量""含新量""含绿量"。

▶▶ 12.4.1 建设北京国际科技创新中心"首钢高地"

"1+3+X"高精尖产业布局初步形成。首钢老工业区聚焦科幻产业特色赛道，加快科创资源和相关企业汇聚，并同步发展互联网3.0、人工智能和航空航天三个产业方向；"X"即围绕"体育+""文化+"，拓展新消费。截至2023年底，首钢老工业区入园企业超765家，其中科技类企业占比超过70%，上市公司、国高新、专精特新、科技型中小企业、创新型中小企业、瞪羚等企业资质数量超 150 项。成立运营互联网 3.0 国际创新联合体，布局基础技术、平台工具、场景应用等全产业链。威睛光学、瞰瞰智能等 3 家优质企业总部相继迁入，航天智能院等一批龙头企业相继落地，RE 睿·国际创忆馆、科幻体验中心等 6 个互联网 3.0 应用场景投入运营。

持续优化产业生态，营造一流创新"生态圈"。为培育繁荣的产业生态，首钢园以服贸会、科幻大会等重要活动为引领，以产业孵化中心、产业投资基金、产业创新联合体、产业大奖为依托，以"产业赋能 + 特色协同"服务体系为支撑，形成"一体四翼六维"产业生态体系，形成"产业赋能 + 特色协同"的企业服务体系，全年对接服务企业 600家次。聚焦专业产业服务，促进园区企业快速发展。落地产业服务体系1.0，串联园区文化和科技类产业链条企业，以大企业引领、中坚力量衔接园区 10 大公共技术服务平台和配套金融服务，建立"产业赋能 + 特色协同"产业服务体系，构建企业雨林生态、平台赋能生态和增值服务生态。产业服务体系日益完善，发布惠企利企 8 大类 24 项"服务包"，形成"专人对接"服务机制，协助多家园区企业开展"供需"对接。

▶▶ 12.4.2 建设北京国际消费中心城市的"首钢支点"

消费活力进一步释放。2023年，首钢老工业区获评国家级夜间文化和旅游消费集聚区、月光下北京夜游新地标、全球首发中心、夜京城特色消费地标、微度假旅游目的地；发挥场地资源优势，承办服贸会、大跳台世界杯、中国科幻大会、北京新年倒计时等重要会展活动230余场；园区商户达到105家，形成集产业、餐饮、酒店、零售、展览、体验等多元场景于一体的特色消费生态。大力发展数字消费、信息消费、体验消费，累计吸引客流1200多万人次，其中服贸会、新年倒计时期间单日入园人数超过10万人，创单日最高纪录，累计带动园区消费5.5亿元，跻身北京市29个城市消费中心之一，成为京西地区重要商圈和最具活力目的地。

冬奥遗产可持续利用取得新进展。滑雪大跳台顺利承办北京文化论坛文艺晚会、单板及自由式滑雪世界杯等 10 余项体育文化活动。累计接待 B 端客户 800 批次，接待各类政务参观 1500 余批次，打卡市民上百万人次。创新开展无形资产开发利用，完成系列商标注册和美术版权登记，与央视网合作推出系列数字文创艺术藏品和 14 种文创产品并入市销售，获得消费者一致好评。咪咕元宇宙数实融合基地落地首钢园冰壶馆，由咪咕及凌云光牵头建设"光场共性技术平台"，主要为科幻、元宇宙等产业提供光场共性技术服务。

第13章

机制突围

在国内外老工业区转型发展过程中，政府都在规划政策、产业调整、资金补贴等方面发挥了不可替代的作用。相比较而言，首钢老工业区转型的要求更高、挑战更大。针对停产、搬迁、转型等不同阶段的核心任务，其通过不断创新探索，构建更加完善高效的协调推进体制机制，有效统筹政府、企业、社会各方合力，稳妥有序推进各项工作，成为区域转型发展的关键所在。体制机制创新持续推动城市功能更新，区域产业重构和首钢企业转型，为新时代首都城市复兴新地标建设提供了坚实制度保障和不竭动力。

▶ 13.1 转型面临的体制机制困境

▶▶ 13.1.1 由山到海搬迁所带来的挑战

首钢搬迁并非生产设施搬迁，而主要是异地新建。可以说，首钢不是"搬迁"，而是"脱胎换骨"的新建。但搬迁直接带来区域产业塌方、富余人员安置、资金筹措等重大问题。

北京地区钢铁产量压缩的影响。2004年全年实现销售收入619亿元，同比增长39.9%；实现利润12.47亿元，同比增长21.6%，均创出了历史最高水平。从1979年到2003年，首钢累计向国家上缴利税费358亿元，长期以来都是北京经济发展的重要支柱。首钢上交的利税占到北京市财政收入的5%。首钢是石景山区多年来经济增长的重要支柱，2007年以前，其经济总量占石景山区的比重一直保持在50%以上。首钢产能压减短期内将对北京市、石景山区经济发展、财税收入产生重大影响，如何调整产业布局应对冲击，不是首钢集团自身能够完成的任务。

大量富余人员安置任务的挑战。据统计，2004年首钢拥有北京市约1/6产业工人（共计约13.5万人），其中北京地区在册职工8.3万人。除了北京冷轧项目、京唐钢铁项目可以安置部分职工以及自然减员外，还将有6.47万名富余人员需要安置，且年龄结构偏大，技能单一，在岗职工平均年龄40岁，转岗和再就业存在一定难度，从压产到全面停产的时间也较为集中。而同期的京唐、迁钢、首秦、顺义冷轧等新项目所需职工约1.2万人。如此规模的人员安置将直接影响首钢现有在职职工、离退休人员及其家属共计几十万人的生活，仅仅依靠首钢自身很难完成。

企业办社会。为满足生产和职工需要，首钢老工业区独立建设运营水电气热等市政设施，医疗、教育、社区等公共服务设施。如首钢老工业区工业生产和现状生活用水主要由自备井和地表水供给，地表水来自三家店水库，生活水供水方式为多点供水制。区域内电网独立于城市公用电网之外，由首钢集团负责建设和运行。还建有职业及成人教育院校、幼儿园，拥有北京大学首钢医院等医疗卫生服务机构，管理首钢小区住宅楼，涉及在职职工及离退休职工14万余人。

搬迁调整和新建的巨大资金缺口。首钢迁出北京石景山区，几乎等于新建一个钢铁联合企业，搬迁费用超过300多亿元，职工安置和家属区物业费用近百亿元、外埠企业划转费用24亿元、辅业改造和建设研发基地等投资43亿元，以及曹妃甸钢铁厂项目资本金投入173亿元，这些资金仅靠首钢自身无法解决，存在巨大资金缺口。

▶▶ 13.1.2 封闭厂区向开放城区的历史转变

按照规划，首钢老工业区将融入城市发展，封闭的钢铁冶炼厂区向开放的现代化城区转变，将彻底打破百年来的区域治理结构，带来的是政企治理关系重构、环境治理的重任、市政公共设施移交、开发建设和管理运营体系重建等任务。

政企管理运行职责界面不清。首钢老工业区长期以来形成的企业办社会模式仍遗留了诸多难题，区企责任边界不清晰，公共安全、静态交通、城管执法、公共服务等职能依然未完全融入属地城市管理体系。首钢集团承担了诸多基础设施和公共服务建设任务，区企需要在土地开发、征地拆迁、项目建设、公益性设施移交等方面通力合作协作。随着首钢老工业区融入城市，向社会开放范围持续扩大，管理运行界面和职责不清晰问题将更加突出。

市场化程度不高。作为由百年老工业区转型而来的园区，体育、科技产业发展的基础薄弱，推动首钢园区从钢铁冶炼、封闭空间向现代服务、开放空间转变，需要深入转变发展理念，发挥市场机制在资源配置中的决定性作用，用市场办法解决发展的难题。

国际化发展不足。首钢老工业区作为北京市重点打造的首都城市复兴新地标，要适应并紧跟大国首都日益国际化、高度开放的新形势新要求，与国际要素、国际规则、国际标准充分接轨。尽管引入了铁狮门等国际专业公司，但是总体看，对接国际高端资源的渠道少、聚集度不足等问题还很突出，国际人才社区仍未充分发挥吸引集聚国际高端人才的作用。

▶▶ 13.1.3 钢铁企业向城市综合服务商的转变

钢铁主业面临竞争压力。进入21世纪，我国钢铁业竞争日益激烈，处于前列的大企业集团结构调整和技术进步取得显著成效，获得新一轮的快速发展。而首钢钢铁业受北京环境限制，从1995年到2002年一直维持在原有水平，产品品种单一、附加值低，市场竞争力逐步削弱。如果不能在搬迁调整中实现产品优化升级，将造成效益持续下降等一系列困难和问题。

城市服务板块发展面临压力。按照相关要求，首钢老工业区在停产后需要积极发展总部经济，发展优势非钢产业、环保产业、研发体系等。在首钢停产之前，已经形成了矿产资源、装备与汽车零部件制造、建筑及房地产等多个领域的非钢业务板块。但综合来看，其非钢业务板块主要依托钢铁主业，发展上下游制造业、环保等生产性服务业。而老工业区停产后，面对园区开发建设、管理运营、招商引资等业务需求，如何找准定位，整合资源和平台，发展城市服务业还需要进一步探索。

首钢集团历史债务负担重。2008年下半年以来，随着国际金融危机的扩散和蔓延，我国钢铁产业受到严重冲击，出现了产需陡势下滑、价格急剧下跌、企业经营困难、全行业亏损的局面，钢铁产业稳定发展面临着前所未有的挑战。首钢集团也面临负债高、利息重等难题。

首钢搬迁调整，是国家批准的第一个钢铁企业整体搬迁出大城市，真正向沿海发展，涉及国家、地方、企业、职工利益的复杂系统工程，在我国和世界钢铁产业发展史上都是前所未有的。涉及国家钢铁工业布局调整，北京市和河北省产业结构调整、环境治理和协同发展，包括北京钢铁业停产、停产职工分流安置，在河北新建钢厂，北京首钢老工业区停产后的土地开发、新产业发展，还要适应日益激烈的市场竞争，搞好生产经营。面对多条战线、多项工作同时推进的复杂局面，如何抓好顶层设计，构建强力高效的工作推进机制是关键。

▶ 13.2 顶层统筹推动首钢大搬迁（2005—2010年）

自2005年国务院批复《首钢实施搬迁、结构调整和环境治理的方案》后，党和国家领导人多次到首钢和曹妃甸首钢新厂址调研，作出重要指示，国家相关部委、北京市、河北省全力推进落实。

▶▶ 13.2.1 顶层设计，总体统筹

2006年6月，国务院成立了由各部委组成的首钢搬迁调整工作协调小组，主要是对国家政策资金支持、项目可研报告审批、配套条件、人才引进、停产资产处理、股份公司资产置换等重大问题给予直接协调。对京唐钢铁项目可研报告和初步设计方案，国家有关部门、北京市、首钢和唐钢先后九次召开高层次的专家咨询论证会和审查会。以全国政协副主席、中国工程院院长徐匡迪为组长，组成首钢京唐公司专家委员会，反复研究、献计献策，使建设方案更加科学完善。河北省、唐山市把京唐钢铁项目作为河北省一号工程，给予全力支持，对首钢迁钢公

司、首秦公司、首钢矿业公司的建设和发展，也作为河北省的大事来抓。国家和北京市也在政策和资金等方面给予了大力支持，包括对首钢京唐钢铁厂建设、安置停产职工、发展非钢产业等方面的支持。

▶▶ 13.2.2 先压减后建设，调整钢铁产业结构

为实现通过首钢搬迁、建设曹妃甸京唐钢铁项目，促进河北钢铁工业结构调整的目标，按照《国家发展改革委关于首钢实施搬迁、结构调整和环境治理方案的批复》精神要求，河北省三年内压减唐山地区13家企业落后炼钢能力730万吨。2006年国家发展改革委、国家环保总局、国土资源部、银监会等四部委联合下发《关于对河北省新增钢铁产能进行清理推动钢铁工业结构调整的通知》，对河北钢铁工业结构调整、淘汰落后工作进行督促指导。河北省按照国家有关规定，到2007年底淘汰200立方米及以下高炉，20吨及以下转炉和电炉，30平方米以下烧结机。首批淘汰的26家企业共涉及唐山市16家，承德市4家，邯郸市3家，石家庄市1家，张家口市1家，邢台市1家。在淘汰落后生产能力的同时，河北省继续按照"抓品种、抓质量、抓整合"的指导方针和"增高减低、上大压小、扶优汰劣"的实现途径，通过企业组织结构调整推动产品结构、技术装备结构和生产力布局调整，构筑唐钢、邯钢两大集团，建设曹妃甸精品板材、承钢钒钛制品两大基地。

▶▶ 13.2.3 停老厂建新厂，有序衔接平稳过渡

考虑到首钢京唐钢铁厂2010年底刚建成之时，北京地区就已全部停产，会造成一段时间内经济效益下降。为保持北京市和首钢经济效益持续稳定增长，在国家发展改革委的支持下，在北京以外地区先期启动部分新建项目，建设试验场和平稳过渡的经济载体。2003年，为解决首钢石景山厂区关停后首钢股份公司资产置换问题，依托迁安市首钢矿山基地，国家发展改革委核准了首钢迁钢项目。2007年首钢冷轧薄板厂投产，同时开始压缩石景山区400万吨钢产量。2010年，首钢京唐钢铁形成970万吨钢铁生产能力，石景山钢铁产能全部停产。确保了在时间上、产能上、效益上都做到了平稳过渡。随着各新厂的全部竣工，首

钢实现了从长材生产为主向高端板材和精品长材为主的历史性转变，总体技术装备都达到了国际一流水平。国家发展改革委制定《钢铁产业调整和振兴规划》，支持企业联合重组，首钢在搬迁调整的同时先后重组了水钢、贵钢、长钢、伊犁钢铁、通化钢铁、福建凯西钢铁等公司，产业规模和综合实力大为增强。

2011年1月13日，首钢举行北京石景山厂区钢铁主流程停产仪式，时任北京市委书记刘淇出席仪式并颁发"功勋首钢"纪念牌，时任国务院副总理张德江出席仪式并讲话，钢城光荣退役。

13.3 石景山区转型发展再创新（2010年至今）

随着京唐钢铁全面投产，首钢老工业区的转型发展逐步成为工作重点。

13.3.1 实施主辅业分离，妥善分流安置富余人员

根据原国家经贸委等8部委联合发布的《关于国有大中型企业主辅分离辅业改制分流安置富余人员的实施办法》（国经贸企改〔2002〕859号），推进首钢主辅分离，辅业改制，分流安置富余人员，人力社保、经信等部门多次研究协调，确定采取市场机制、行政手段和政策支持相结合的方法，从2011年2月份开始陆续为首钢停产职工提供新的就业岗位。通过各种政策措施，提高停产职工再就业水平，确保停产搬迁工作平稳推进，妥善解决职工分流安置问题。截至2011年6月底，首钢搬迁调整职工分流安置工作基本完成，累计分流安置富余人员6.47万人，90%的解除劳动合同人员进行了失业登记，其中87%的人员通过单位招用、自谋职业或灵活就业方式实现了再就业。

从2002年到2010年，首钢资产总额从475亿元增加到3101亿元，增长5.5倍；钢产量从817万吨增加到3154万吨，增长2.8倍；销售收入从385亿元增加到2200亿元，增长4.7倍；实现利润从4.8亿元增加到19.7亿元，增长3.1倍（2007年达到46.75亿元，增长8.7倍）；劳动生产率从24.7万元/（人·年）增加到176万元/（人·年），增长6.1倍；职

工人均年收入从 1.73 万元增加到 6.3 万元，增长 2.5 倍。2010 年首钢进入世界 500 强第 325 位。

▶▶ 13.3.2 统筹协调与对接机制提供重要保障

2010 年，北京市成立了由郭金龙同志任组长的首钢地区规划建设及产业调整工作领导小组，加强对首钢调整搬迁领导，加快产业发展政策和规划研究，推进区域开发建设及重大项目的实施。2013 年 2 月，市政府调整成立由市长任组长、四位市领导任副组长的新首钢高端产业综合服务区发展建设领导小组，统筹协调首钢地区开发建设及产业转型方面的工作。领导小组每年召开会议，研究解决首钢老工业区调整改造重大事项。在政策覆盖上，积极争取将首钢地区纳入首批全国城区老工业区搬迁改造试点、国家服务业综合改革试点区和中关村自主创新示范区等政策范围。为落实顶层设计，市政府各相关部门与区企建立了多层次沟通对接机制。领导小组办公室设在市发展改革委，办公室简称市新首钢办，为实体机构，下设秘书处、政策处、项目协调处三个处室，具体协调各相关部门、区政府和首钢，落实细化重点工作任务，推进重大项目建设。石景山区与首钢集团搭建了高层对接、产业招商等方面的协作机制。总体上，构建了市相关委办局、三区政府、首钢集团等组成的多层次管理运行机制，市各相关部门、区政府均积极采取各种形式帮助首钢解决实际问题，有力推动了首钢老工业区调整改造各项工作的顺利开展，形成了"市级统筹、部门联动、区企合作"的格局。

▶▶ 13.3.3 首钢集团战略转型提供内部支撑

首钢集团提出"一根扁担挑两头"的集团战略转型思路，通过打造全新的资本运营和金融平台这根扁担，撬动钢铁业和城市综合服务商两大业务板块，构成了城市综合服务业和钢铁业两大主导产业并重和协同发展的战略。

为做好首钢老工业区的开发建设工作，2010 年 6 月首钢成立了北京首钢建设投资有限公司（以下简称首建投公司），从首钢内部和社会引进专业人才，专门负责首钢的园区开发建设工作，形成以首建投公司为龙头，以首钢原有的设计、施工、能源环境、综合服务等力量为支撑，并广泛吸纳中建院、北建院、环科院等社会优质资源的开放的园区开发体系理念。

在招商推广方面，设计园区标识和主题语。联合市投促局、侨办、区政府等单位举办专场招商活动。利用科博会、京交会、京港洽谈会等平台对园区项目进行了重点推介。利用互联网渠道积极对外宣传推广首钢园区及先期启动项目。

参考文献

[1] 百年首钢编委会会著.百年首钢—自强卷[M].北京：中央文献出版社，2019.

[2] 冯晓明.首钢搬迁调整战略与实践[J].国家行政学院学报.2006（5）.

[3] 第一钢铁大省"赶考"落后产能淘汰，中华工商时报，2006（10）.

[4] 钢铁业进入"调结构"阵痛期，中国商报，2012（6）.

[5] 朱继民.在首钢搬迁调整中加快发展方式转变[J].企业改革与管理.2012（3）.

第 4 篇

启示与展望

借势2022年冬奥会，首钢老工业区实现了从"火"到"冰"的华丽转型。随着2022年冬奥会冬残奥会的成功举办，首钢老工业区进入后冬奥时代。如何谋划好后冬奥文章，用好工业遗产和冬奥遗产，加快产业集聚，打造面向未来、面向年轻人、面向国际化的活力空间和发展热土，还需要统筹谋划，久久为功。

中国国际服务贸易交易会
CHINA INTERNATIONAL FAIR FOR TRADE IN SERVICES

6-8号会议室
Conference Room 6-8

服贸会P1停车场
（务动停车场）
CIFNS P1 Parking →

第14章

回望来路

14.1 首钢老工业区更新为什么能成功?

首钢老工业区更新改造的经验做法既有普遍性也有特殊性,有些经验可以复制推广,有些经验只能作为个例,其他地区只能望洋兴叹。

1. 成功的关键要素

历届北京市委市政府一以贯之的坚定支持,是成功的关键。自2005年首钢启动搬迁调整至今,历届北京市委市政府主要领导高度重视首钢老工业区建设发展,坚定支持老工业区更新改造和城市复兴,在发展的关口和褙节褪困解难,在道路选择、规划土地、体制机制、资金支持、重大项目布局等方面,给予了诸多倾斜性、创新性的政策。市主要领导到首钢调研座谈时多次强调,首钢为新中国、为首都经济社会发展都做出过突出贡献,首钢老工业区是在首钢享有使用权的土地上转型发展,支持首钢作为土地一级开发主体,首钢在土地使用中享受相关权益,要"跳出房地产、超越CBD",要通过引入战略合作者等方式发展新产业。市发展改革委积极向国家申请纳入全国老工业区搬迁改造试点,出台了具有历史意义的28号文,给首钢吃了不少"偏饭"、开了不少"小灶"。可以说,没有北京市委市政府,包括市发展改革委等市级部门,以及石景山区委、区政府的支持,更新改造难以开展,项目实施寸步难行。

冬残奥会这种世界级赛会机遇,是难得一遇、可遇不可求的成功关键。首钢老工业区与奥运会两次结缘,因2008奥运会而搬迁,又因2022年冬奥会而复兴,这种机缘百年难遇。2016年是首钢老工业区建设发展进程的重要年份，在此之前，建设进程较为缓慢，在此之后明显加速，因为在这一年北京市委市政府决定冬奥组委入驻老工业区，拉开了老工业区城市功能重塑的序幕。为满足冬奥组委办公需求，全面改造升级了首钢北区冬奥办公区及周边的筒仓、料仓等十三个工业建（构）筑物和区域景观绿化，也是老工业区首个改造提升项目，S1磁悬浮和冬奥专线等轨道交通、晾水池东路、秀池改造、能源电力等一批工程加快实施，区域面貌和城市品质焕然一新，冬奥组委入驻助推了城市功能重塑进程，按下了首钢老工业区更新改造"加速键"。

首钢集团的国企担当，是成功的关键要素。首钢老工业区更新改造不同于其他老工业区，既是首都城市区域功能转型，又是首钢集团业务结构转型。首钢老工业区更新改造体量大、成本高，首钢集团讲政治讲担当，着眼长远，不计较一时经济得失，履行好区域开发建设主体职能。通过协议出让方式供地，解决了原土地产权人自主更新改造中的政策制约。设立首建投公司，统筹整合基金、工程、建设、信息化、房地产等多个业务板块，全面提升了区域开发建设运营能力。

2. 如何看待首钢老工业区的经验

要分清首钢与全国城区老工业区的共性和个性。首钢老工业区位于北京中心城区，具有城区老工业区的共性特征，如基础设施老化、环境污染较为严重、棚户区改造任务重等。因此复制推广首钢模式要更加注重借鉴其共性经验，如就地建设排污处理设施做好污染土治理，创新规划方法适应灵活多样更新方式，编制工业遗产保护名录引导区域保护与开发等；而首钢更新的个性经验，如土地协议出让、大型赛事展会带动、企业自主更新等，还需要当地政府结合当地老工业区实际情况，具体情况具体分析，灵活借鉴，不宜照搬照抄。

充分认识首钢老工业区改造的经验和教训。经验方面，首钢老工业区注重统筹发挥政府与社会主体各方合力，统筹平衡工业遗产保护与利用关系，实施有序推进的滚动开发建设，以冬奥会、服贸会等重大赛会激发转型发展活力，其创新性做法都为其他老工业区转型发展提供了有益借鉴。教训方面，首钢老工业区还存在着改造成本较高、投融资方式相对传统单一、公益性与经营性项目比例有待平衡等。这都要求其他老工业区要吸取其教训，更加关注成本与效益等问题，进一步加强研究创新，探索更加有效的举措。

要分清首钢老工业区更新改造的当前和未来。首钢老工业区搬迁改造有着深刻历史社会背景，受到国家、北京市的大力支持。当前，其更新改造取得了阶段性成效，工作重点从以开发建设为重点转向开发建设与产业培育并重的新阶段。未来，随着北京发展步入新时代首都高质量发展的新阶段，首钢老工业区更新也将面临产业培育、活力复兴等新任务，其更新改造举措将进一步完善。推广复制首钢模式，要注重其阶段性特征，以发展的眼光统筹好当前任务与长远发展关系，探索适应当地自身发展阶段与条件的举措。

14.2 首钢老工业区突围仍然在路上

首钢老工业区"突围"的故事，仍然在上演，远远没有结束，作为一场"战役"，它是成功的，作为一场"战争"，仍然需要时间的检验。

产业基础和动力仍然偏弱，产业生态仍需加快培育。总体看，首钢老工业区产业空间载体相对有限，首钢北区利用工业遗存改造和新建4个空间载体，已经完工投用面积23万平方米，2021年释放35万平方米产业载体空间。但载体优先保障北京冬奥组委、国家体育总局日常办公和训练。企业能够利用空间有限，入驻龙头企业偏少现象明显。截至2021年5月首钢园北区共引进企业87家，其中在园区注册企业53家，在园办公人数仅295人。

管理运行界面有待融合，城市治理缺乏有效衔接。随着长安街西延线贯通和首钢大门打开，首钢正在由单一主体的产业园区向城市功能区域转型。实现区域的共建共享共管和融合发展是石景山区和首钢集团当前面临的紧迫问题。目前，管理边界物理隔离仍然存在，首钢北区已经实现部分区域对外开放，其他片区仍实施封闭管理。区企责任边界仍然不清晰，公共安全、静态交通、城管执法、公共服务等职能依然未完全融入属地城市管理体系。

社会资本引进仍不足，持续投融资机制尚未形成。首钢集团作为区域开发建设的主体，开发建设的资金负担较大。如"十大攻坚工程"涉及89个重大项目总投资约1766亿元。其中首钢集团及下属公司共涉及35个项目，占全部项目的43%，总投资约722亿元（自筹约688亿元），占全部项目总投资的40%。首钢集团主责项目融资仍以银行贷款为主，与社会资源合作进展仍显缓慢，社会资金引进和利用不足。

创新发展不足，市场化、国际化发展还需加快。首钢老工业区城市主体框架日趋成型，区域转型发展迫在眉睫。当前，首钢老工业区道路、公园、遗产保护等公益性项目多，能够有效带动区域经济发展的产业类项目少，缺少带动区域发展的重大功能性、创新性项目，对接国际高端资源的渠道少，高端国际人才、创新型人才集聚不足。

第15章

展望去路

工业区的实质是产业聚合聚集的空间。我们讨论老工业区的未来，实质上是在研究工业的组织生产方式和空间聚集状态。站在新时代的历史空间，面向未来，老工业区终将被新园区取代，老工业区的形态终将被城市形态取代，老工业区内的业态终将被智能化智慧化的生产方式取代，也许未来工业生产组织方式不再以扎堆聚集的方式存在，工业一直会在，工业区不一定会在。在我们能看得到的时空里，老工业区可能会朝着以下的方向运动。

▶ 15.1 区城融合化

老工业区相对封闭，有高墙大院与周边区域形成了硬隔离，对外界的技术革新发展反应迟钝，与属地的融合度较差，这种运作模式已经难以适应如今的产业发展、城市发展要求。

如今，原来高墙大院林立的老工业区不再是工业区的标配。工业区融合于城市体系中，由相对封闭的工业区，向开放的街区转变。我们可能越来越分不清哪里是工业区哪里是城市区域，我们无法依靠传统的标志性工业建（构）筑物进行区分，工业区本身就是城市的一部分。区内的能源资源不再自给自足，水电气热供应由专业公司提供，建（构）于城市大市政体系之中。同样工业区内的企业轻装上阵，没有了沉重的历史包袱。也许，这些会让老一辈的从事工业生产的人，怅然若失。他们对集中连片的家属区、热火朝天的厂区、如潮水般骑自行车上班的人流怀有特殊的感情，那是他们青春的记忆和熟悉的生活方式。企业办社会、大厂区小社会的熟人社会已经随着时代变迁一去不复返了。电视剧《金婚》里，佟志和大庄哥们间相处的情景，将只能在电视剧里出现了。

产城融合、职住平衡，是现代园区所追求，老工业区天生就具有职住平衡的特点，它所要转型发展的方向是产城融合、区城融合。

城市更新类的老工业区也许仍保留少数几个工业遗存，除此之外，老工业区将全面脱胎换骨，新的大楼富丽堂皇，新的业态植入替代、新的员工来去匆匆，在后辈人心目中就像他们从没发生过一样。当前，仍然存在着一些这种区域，比如航空航天、核工业等类型的中央企业，上面有天线、周边无关联、属地管不了，尽管不叫老工业区，仍然具备老工业区的运作特征，应该居安思危，推动军民融合、央地合作，避免陷入类似的陷阱之中。

15.2 工业服务化

一切产业皆是服务。工业和服务业融合是趋势，工业必将作为服务业中的实体承载而存在，是大服务体系中的一环。

德国提出的工业4.0概念，实质上是改变了传统的集中式控制的生产模式，通过智能制造，推动生产模式转向分散式增强型控制模式，形成高度灵活的个性化和数字化的产品与服务的生产模式。协同设计、智能制造、柔性生产、私人定制的新模式新业态，让工业组织方式和商业模式产生根本性改变，客户需求的满足通过一系列新组织方式和新服务方式得到了升华，工业冗余服务，高质量的服务又大大促进了工业发展。

15.3 空间垂直化

我国工业产值的绝大部分仍然布局在上海、深圳、广州等这些大城市，而随着大城市土地资源越来越稀缺，工业制造呈现出由传统低容积率的工业厂房，搬进"摩天大楼"的潮流，其被形象地称为"工业上楼"。

最早的"工业上楼"，可以追溯到美国提出"工业摩天大楼"建设理念，就是将工业生产和商务办公安排在大楼的中下层，高层布局居住功能，后因环境污染问题而失败。此后日本等国家进行了探索，形成了一些成功案例，在东京的"工业上楼"项目探索中，部分项目超过了30层楼的高度。

2016年前后，深圳首次将新一代信息技术、人工智能等产业的研发、生产环节搬进了摩天大楼，取得了良好成效。此后"工业上楼"项目逐步推广开来。2021年7月，国家发展改革委发布的《关于推广借鉴深圳经济特区创新举措和经验做法的通知》，也支持"工业上楼"项目建设。当前所称的"工业上楼"，在大楼高度上一般要超过24米或者层级达到6层及以上的高层工业楼宇。

这种趋势有效解决了大城市土地稀缺的现实难题，又促进了业态的融合，推动工业制造在噪声、污染、安全等方面的产业升级，已经成为未来的一种趋势。

15.4 生产数字化

数字经济是继农业经济、工业经济和服务经济之后的又一代全新经济形态。目前数字经济正呈现出一种全社会、全产业、全国民立体推进的发展态势。

无疑，这种态势也深刻改变了工业生产。"无人工厂""黑灯工厂""智能工厂"正在成为各个老工业区内制造企业的塑造竞争力的新赛道。

从某种意义上讲，没有落后的行业，只有落后技术和落后的生产方式。没有生产方式上的数字化改造，未来的工业区很快就会重新回炉到"老工业区"的行列。

15.5 园区内涵化

在北京，老工业区的转型方向被设定在有限的方向上，文化创意是支持率最高的产业，而且专门成立北京文资办（后调整为市文资中心）进行统筹指导。政府对老工业区选择什么样的替代产业十分慎重，保留工业文明的符号和精神内核，为子孙后代留下历史记忆、打造成为具有独特工业风的区域，是非常明智的选择。

因而，老工业区焕发新生机的道路上，传统工业文化和现代文化科技元素被植入，形成了园区独具魅力的风格，它扑面而来的文化气息吸引着大量人流前来游览，许多老工业区成为网红打卡地。